·元气满满下午茶系列·

CAFE MILK TEA MEAU 101

手冲奶茶

茶饮调配师［韩］李相旼 著
魏莹 译

中国轻工业出版社

手冲奶茶

集合全世界的奶茶配方，激发你的创意灵感

何为奶茶？

奶茶热潮席卷全球。如今，不论是在大型咖啡连锁店，还是巷子里的小咖啡店，你都可以轻易地品尝到奶茶。在被称为“咖啡共和国”的韩国，奶茶潮流的兴起着实让人意外，咖啡以外的饮品能够受到如此追捧可谓是前所未有。最初只出现在一部分咖啡店菜单里的奶茶，如今无处不在，已经动摇了韩国饮品市场的格局。那么奶茶最初又是如何诞生的呢？

奶茶就是加入了牛奶的茶饮。奶茶既是饮茶的一种方式，也可以直接作为一种单独的饮品。奶茶的历史可以追溯到七世纪，中国唐朝的文成公主远嫁吐蕃，也就是如今的中国西藏时，随身携带的唐朝特产中就有茶。藏民将用牦牛奶制成的酥油放入茶中一起饮用，这就是有名的酥油茶。

享用奶茶的方式各式各样。以肉食为主的藏民饮用奶茶是为了均衡摄入营养成分，而欧洲人饮用奶茶则是源于其他。在十七世纪法国的社交名流夏布利夫人写给女儿的信件中，出现过“饮茶时要加入牛奶”的语句。其理由十分特别，不是为了使茶饮更加美味，而是为了防止热茶使茶具破损，在那时，茶具是十分昂贵的。在茶杯中先倒入牛奶，然后再将茶倒入，这种饮茶方式随后传入英国，于是便有了如今英国人饮用红茶时加牛奶的习惯。

奶茶中融合了多样的文化。在亚洲国家受到欧洲殖民的时期，向茶饮中加入牛奶的欧洲茶文化流传到了亚洲。就像西藏的酥油茶那样，随着时间的流逝，奶茶与各种不同的文化融合，形成了形形色色的奶茶饮品。奶茶的制作并不复杂，就像奶茶的历史所示，人们可以随心所欲按自己喜欢的方式来享用奶茶。也许这就是奶茶在世界各地广受欢迎的原因之一吧。

奶在先，还是茶在先？

奶茶的本质为茶。奶茶是将牛奶加入茶中来饮用。也许有人会觉得制作奶茶需要遵循很复杂且很特别的方法和步骤，但其实只要按照我们自己的喜好来制作即可。自从奶茶流行起来以后，以英国为中心，人们对于奶茶的制作方式有过一些争论。大部分的英国人都是在泡得十分浓郁的茶中加入少许牛奶，以使茶的口感变得柔和，易于饮用，但对于应该在什么时候加入牛奶，人们有一些不同的看法。

应该在什么时候加入牛奶？主张应该先加入牛奶的MIF（Milk in first）派，和认为应该先倒入茶水的TIF（Tea in first）派，这两派之间的争论持续了一百多年。很多名人都公开宣称自己的方式才是正统，就连《动物农场》和《1984》的作者乔治·奥威尔也加入了这场争论，并为此发表过一篇文章《一杯好茶》（*A nice cup of tea*）。2003年，英国皇家化学学会为了纪念乔治·奥威尔一百周年诞辰，发表了一篇名为《一杯完美好茶的冲泡方法》的文章。至此，这场争论才告一段落。英国皇家化学学会站到了支持先放牛奶的MIF派一方，他们给出的理由是，只有先放牛奶后再加入茶，才能使茶的温度降低，确保牛奶的蛋白质成分不会变性，保持新鲜。

用你自己的方式，享用奶茶带来的愉悦。制作奶茶的过程十分简单，制作方式也多种多样。如果想要尝试不同口味的奶茶，便没有必要执着于一种方式，大可将所有方法都尝试一遍。在大胆尝试之后，你一定可以找到最适合自己的方式和比例，这个过程也是奶茶带给我们的享受之一。

目录

奶茶基础知识

PART 1

世界各地的招牌奶茶

PART 2

用红茶制作奶茶

PART 3

用绿茶制作奶茶

PART 4

用乌龙茶和黑茶制作奶茶

PART 5

用花草茶制作奶茶

PART 6

自制奶茶配料

奶茶由什么组成？

基本茶 红茶 · 绿茶 · 乌龙茶 · 黑茶 · 花草茶

用于制作奶茶的基本茶比我们平时喝的茶要更浓。红茶最为常见，也可选用绿茶、乌龙茶、黑茶（普洱茶）、花草茶。既可以单独使用一种茶，也可以使用两三种茶混合而成的调和茶，还可以加入咖啡、花草、水果等，制作出口味不一样的基本茶。

乳制品 牛奶 · 炼乳 · 鲜奶油 · 冰激凌 · 豆奶 · 奶油芝士

在奶茶这个名字中占有一半比例的“奶”，对制作奶茶来说十分重要。牛奶最为常用，不过最近也很流行用其他乳制品来代替牛奶。不同的乳制品能够给奶茶带来不一样的口感，从而制作出独具一格的奶茶饮品。

甜味调料 液体调料 · 粉状调料 · 果泥 · 果酱

甜味调料不仅决定着奶茶的口味和色泽，还能够让茶香更为突出。液体调料、粉状调料、果酱、果泥、甜酒等带有不同香味、不同形态的各色甜味调料都可以作为奶茶的配料。最近还出现了使用花生酱、巧克力酱等作为配料的奶茶。甜味调料的用量可根据个人喜好调整。

装饰配料 珍珠粉圆 · 坚果 · 谷物 · 水果

一般来说，装饰配料是在饮品制作的最后一步加入，起到装饰外观的作用。但在制作奶茶时，比如珍珠粉圆，是在制作过程中加入的。即使是最简单的奶茶，加入不同的装饰配料也会让奶茶看起来很不一样，所以，一定不要忽略这一步。

锡兰红茶
阿萨姆红茶
大吉岭茶
柠檬草茶
绿茶粉
蝶豆花茶
普洱熟茶
洛神花茶
乌龙茶

基本茶

奶茶的基础

●红茶　　红茶是制作奶茶最常见的原料。在我们平时喝的红茶中加入牛奶，能够减少茶中的苦味，使口感更加柔和。不同产地的红茶各有特色，制作奶茶时可以选择的种类也十分多样。香气和口味相对强烈的阿萨姆红茶和锡兰红茶最受欢迎，加香红茶和调和茶也经常用于制作奶茶。

本书所用红茶

单种红茶：阿萨姆红茶、锡兰红茶、阿萨姆CTC

调和红茶：英式早餐茶、伯爵红茶、早餐茶、手标泰茶、立顿黄牌精选红茶、伯爵夫人红茶

加香红茶：玫瑰加香、枫糖加香、树莓加香、苹果加香、香蕉加香、柠檬加香红茶

●绿茶　　绿茶可以分为绿茶叶和绿茶粉。以绿茶粉为原料制成的奶茶香味浓厚，且绿茶粉的颜色与牛奶相融后更加鲜明。而用绿茶叶制成的奶茶则带有淡淡的绿茶香，口感温和。

本书所用绿茶

绿茶叶

调和绿茶：玄米绿茶、茉莉花茶、摩洛哥薄荷茶

绿茶粉

●乌龙茶&黑茶　　乌龙茶在六大茶类（绿茶、白茶、黄茶、青茶、红茶、黑茶）中属于青茶，融合了绿茶和红茶的特点，根据氧化程度的不同，其口感和香气会在绿茶和红茶之间变化。发酵而成的黑茶（普洱熟茶）则带有潮湿落叶和泥土的香气，对于初次品尝的人来说可能会过于强烈，因此很多人在饮用时会加入牛奶，使味道柔和一些。

本书所用乌龙茶和黑茶

乌龙茶：香桃乌龙、浓香乌龙、桂花乌龙、清香乌龙

黑茶：普洱熟茶

●花草茶　　花草茶种类众多，口味、香气各不相同，能够制作出风味各异的奶茶。花草茶对大部分人来说都不陌生，饮用花草奶茶时，你能够品尝出熟悉的香气和味道。不过洛神花茶中含有能够分解牛奶的酸性成分，使用时需要注意调整用量。

本书所用花草茶

花草茶：洋甘菊茶、柠檬香桃茶、薰衣草茶、洛神花茶、罗勒茶、蝶豆花茶、柠檬草茶、薄荷茶

茶包：鼠尾草蜂蜜薄荷茶、生姜柠檬草茶

牛奶
冰淇淋
椰子奶油
香蕉牛奶
果汁
草莓牛奶
苏打水
炼乳
无糖牛奶
杏仁奶

乳制品

决定奶茶的类型

牛奶　牛奶是除基本茶之外最重要的核心原料。保管方式、杀菌方式、营养成分各不相同的牛奶，口味特点也各异，因此使用不同牛奶制作出的奶茶成品也大不相同。如果使用低脂牛奶、脱脂牛奶等减少了脂肪成分的牛奶，则奶茶的口味会相对清淡一些。使用添加了各种水果口味和香味的牛奶饮料，则能够轻松制作出与众不同的特色奶茶。另外，也可以使用椰奶、杏仁奶、豆奶等植物奶作为奶茶原料。

本书所用牛奶

一般牛奶

牛奶饮料：香蕉牛奶、草莓牛奶、哈密瓜牛奶

植物奶：椰奶、杏仁奶、豆奶

炼乳　制作奶茶时，可使用炼乳来代替牛奶。炼乳是将鲜牛奶60%的水分去除后浓缩而成，分为无糖炼乳和加糖炼乳。一般市面上销售的炼乳是含有40%糖分的加糖炼乳。无糖炼乳完全不含糖分，又称作“浓缩牛奶”。使用加糖炼乳可制作出浓郁且香甜的奶茶，无糖炼乳则可制作出奶香醇厚但不甜腻的奶茶。

本书所用炼乳

无糖炼乳（浓缩牛奶）

炼乳

奶油　使用奶油可以制作出口味浓郁醇厚的奶茶。一般奶茶中多使用由牛奶的脂肪成分制作而成的鲜奶油、冰淇淋、掼奶油，也可使用由棕榈油、菜籽油、大豆油等植物油制成的植物性奶油。如果考虑到健康问题，我们推荐使用植物性奶油来代替动物性奶油。

本书所用奶油

冰淇淋：香草冰淇淋、绿茶冰淇淋

奶油：鲜奶油、椰子奶油、巧克力奶油芝士

其他　最近，除了使用茶和牛奶制作而成的传统奶茶之外，也出现了很多使用不同原料制成的特色奶茶。加入果汁可为奶茶增添清爽感，咖啡等香味浓郁的原料则能够为奶茶带来不一样的香醇，还可加入苏打水制成带有刺激口感的奶茶。发挥你的挑战精神，大胆尝试各种不一样的原料，制作出只属于你的特色奶茶吧！

本书所用其他原料

原豆咖啡、青柠果汁、菠萝果汁、苏打水

洋槐糖浆
芋头粉
肉桂粉
酸奶粉
黑糖糖浆
草莓酱
柚子酱
焦糖酱
枫糖浆
蓝莓糖浆
黑巧克力酱

甜味调料

决定奶茶的口味、香气和色泽

液体调料　甜味调料在奶茶中的作用非常重要，不仅能够为奶茶增添香甜口味，还影响着奶茶的香气和色泽。液体糖浆是制作奶茶时最常用的甜味调料，质感浓厚黏稠的液体调料能够使奶茶的味道更加浓郁。而混合了爱尔兰威士忌和奶油的百利甜酒则是制作鸡尾酒类型的奶茶时最合适的液体调料。

本书所用液体调料

糖浆：洋甘菊糖浆、香橙糖浆、柠檬糖浆、香草糖浆、薄荷糖浆、黑糖糖浆、蜂蜜糖浆、蓝莓糖浆、洋槐糖浆、荔枝糖浆、玫瑰糖浆、榛子糖浆

酱料：黑巧克力酱、白巧克力酱、焦糖酱

果泥和果酱　果泥和果酱主要用于冰茶类饮品，也常用于新式特色奶茶饮品。果泥和果酱中含有大量的糖分，可以用来代替普通糖浆。大部分果泥和果酱都是用水果制成，不仅能为奶茶的味道带来变化，还能为奶茶增添不一样的香味和色泽。试试在奶茶中加入果酱或原浆，能够为你带来独一无二的奶茶。

本书所用果泥和果酱

泡水用果酱（果酱茶）：草莓酱、桔梗酱、木瓜酱

果泥：柚子果泥、芒果果泥

粉状调料　最近市场上，红薯糖粉、芋头糖粉、酸奶糖粉等各种粉状甜味剂的种类越来越丰富。只需加入少量，就能让奶茶的口味和色泽有很明显的变化，在咖啡店等饮品店十分常用。另外，虽然不是很常见，还可以加入粉末活性炭，帮助清除体内“废物”。

本书所用粉状调味剂

增加甜味：白砂糖、褐色糖、盐、酸奶粉

改变口味和色泽：热巧克力粉、肉桂粉、紫薯粉、可可粉、椰子粉、芋头粉

其他　使用特别的原料能够制作出极具特色的奶茶。比如，能多益榛子酱(Nutella)、花生酱等固体酱类调料也可以制作出美味的奶茶。你可能很难想象出它的味道，但只要尝上一口，就一定会满足地点头。能多益榛子酱和花生酱脂肪含量较高，因此需要将其溶于热饮中，特别适合偏爱浓郁口感的奶茶爱好者。

书中所用其他调料

能多益榛子酱（Nutella）、花生酱、栗子酱、百利甜酒

白色珍珠粉圆
麦片
肉桂
蓝莓
玄米薄碎
丁香
八角茴香
水果
绿色珍珠粉圆

装饰配料

为奶茶锦上添花

珍珠粉圆　珍珠粉圆能为奶茶带来不一样的口感，其原料为广泛种植于热带地区的耐旱救荒作物木薯，用木薯淀粉制作而成的食物经沸水熬煮后口感会变得十分筋道。起初，粉圆主要作为甜品的原料，后来，人们将其放入饮品中一起食用，因为粉圆的模样与珍珠一般无二，我们一般简单地称之为“珍珠”。有了珍珠粉圆的点缀，仅仅一杯饮品就能让你享受到多种口感。

书中所用珍珠粉圆

黑色珍珠粉圆、白色珍珠粉圆、绿色珍珠粉圆

水果　常被用作饮品装饰配料的水果在奶茶中也十分常见。选择和基本茶口味一致的水果作为装饰配料，能够让奶茶饮品的特征凸显，同时增加一分清爽。使用柑橘类水果作为奶茶的装饰配料时，不要使用果肉，尽量使用果皮，因为果肉汁液中的有机酸成分与牛奶混合后会产生凝结，对饮品的外观和口感都会造成影响。

书中所用水果

果皮：新鲜柠檬果皮丝、新鲜柚子果皮丝、新鲜青柠果皮丝

果片：苹果片、香蕉片、芒果片

鲜果：蓝莓

坚果和谷物　香脆的坚果能够为奶茶的味道口感加分，加入了坚果的奶茶饮品尤其适合在秋冬季节饮用。将杏仁、榛子、腰果、夏威夷果、松仁等坚果磨碎后撒在奶茶上或搅拌后饮用即可。最近，可可粒、麦片等谷物也常被用作奶茶的装饰配料。

书中所用坚果和谷物

坚果：榛子、杏仁

谷物：可可粒、玄米薄碎、麦片

花草　花草并不是制作奶茶时常用的装饰配料，但在奶茶中加入花草不仅可以增添清新感，还可以带来十分不同的独特风味。根据奶茶的特点可以从干花草、新鲜花草中选择合适的配料，制作出独一无二的特色奶茶。

书中所用花草

新鲜花草：薄荷、迷迭香、百里香、罗勒

干花草：玫瑰花瓣、玫瑰花苞、茉莉花、薰衣草

Hot Milk Tea 热奶茶

热奶茶是最基本的奶茶类型。制作一杯热奶茶需要准备6克茶叶和300~400毫升水。与我们一般直接饮用的茶相比，茶叶的用量要多2~3倍。在浓茶中加入甜味调料提升茶的香甜浓郁是制作热奶茶的关键。

热奶茶 · 冰奶茶 · 珍珠奶茶 · 冰块奶茶

制作奶茶的基本方法

很多人会这样问，“怎样才能做出最美味的奶茶?”答案其实很简单，就是按照自己的喜好来制作。每个人对于茶的偏好各不相同，奶茶也是如此。在这里我们先介绍四种最基本的奶茶做法——热奶茶、冰奶茶、珍珠奶茶和冰块奶茶。

1. **制作基本茶**

   将茶壶预热，放入6克红茶和300~400毫升沸水，冲泡5分钟。然后加入白砂糖或糖浆调整甜度，为了能够更好地衬托出茶的香气和味道，建议至少要加入一小勺以上的白砂糖。

2. **将泡好的茶倒入容器**

   将泡好的茶水倒入茶杯，用过滤网将茶叶滤出。制作热奶茶时，最好先在茶杯中倒入热水进行预热。

3. **加入牛奶**

   最后在茶中加入牛奶，一杯奶茶就做好了。根据个人喜好，可以加入常温的牛奶，也可以加入冰牛奶。

Ice Milk Tea 冰奶茶

制作冰奶茶有加入冰块和不加入冰块两种做法。加入冰块，可以更快地完成冰奶茶的制作，而不加入冰块，则能够制作出口味更加浓郁的奶茶。如果加入冰块，则需要在制作基本茶时将泡茶的水量减半，增加基本茶的浓度。

1. **加满冰块**

   先准备冰块。较大的冰块融化速度缓慢，更适合用来制作冰饮。另外，比起上下宽窄一样的杯子，上窄下宽的杯子更适合。因为上下宽窄一样的杯子能够盛下的冰块量相对较小，而上窄下宽的杯子底部空间较宽松，能够加入更多的冰块，从而可以保证奶茶清凉冰爽。

2. **加入冷却至常温的基本茶**

   制作基本茶的方式同热奶茶相同，但冰块融化会稀释奶茶，因此茶叶用量为4~6克时，沸水用量应减至150~200毫升，以增加基本茶的浓度。用过滤网滤出茶叶后，将基本茶冷却至常温，然后倒入装有冰块的杯子中。

3. **在冰牛奶中加入甜味调料**

   另取一个杯子，倒入牛奶中并加入甜味调料。制作冰奶茶时使用的是冰牛奶，因此使用糖浆更为合适。可以将牛奶倒入杯子后再加入甜味调料。

4. **将牛奶倒入基本茶**

   将加入了甜味调料的牛奶倒入基本茶中，充分搅拌至奶茶甜度均匀后即可饮用。

Tapioca Pearl Milk Tea

珍珠奶茶

珍珠奶茶是加入了珍珠粉圆的奶茶。很多人误认为珍珠奶茶就是bubble tea，但其实bubble是指将茶饮充分摇晃后产生的泡沫，因为产生大量泡沫而有了泡沫茶（bubble tea）这个名字。制作珍珠奶茶时，要先加入珍珠粉圆，最后加入基本茶。

1. **在珍珠粉圆中加入甜味调料**

   在事先准备好的珍珠粉圆（制作方法参见245页）中，根据个人喜好加入适量糖浆。珍珠粉圆的主要成分为淀粉，因此本身并没有任何味道。

2. **将珍珠粉圆放入杯子中**

   将珍珠粉圆放入准备好的杯子里。一般来说，制作一杯奶茶加入30~40克的珍珠粉圆为宜。

3. **加入冰块**

   根据个人喜好，可以选择加入或不加冰块。如果不想让冰块融化后导致奶茶口味变淡，则可以不加冰块。不加冰块时，最好使用冰牛奶。

4. **加入冰牛奶**

   以300毫升的杯子为基准，70~150毫升的牛奶最为合适。基本茶为红茶或乌龙茶时，应适量增加基本茶的用量，用绿茶粉制作基本茶时则需要相应增加奶制品用量。

5. **加入基本茶**

   最后加入事先冷却好的基本茶。使用绿茶粉制作基本茶时，在绿茶粉中加入少量水后充分调匀。红茶则需要用4~6克茶叶，加入100~150毫升的沸水，泡5分钟后使用。

Ice Cube Milk Tea
冰块奶茶

冰块奶茶是将浓茶冻成冰块后作为主要原料制成的奶茶饮品。利用各式各样的冰块模具，可以制作出形状各异的冰块奶茶。冰块在牛奶中一点点融化的同时茶香也逐渐浓郁，非常适合在闲暇时慢慢品味。

1. 冲泡基本茶

饮用冰块奶茶时，基本茶冰冻而成的冰块会慢慢融化，因此一杯500毫升的冰块奶茶一般需使用8 ~ 10克的茶叶泡出十分浓郁的基本茶。使用绿茶粉时则需要用一般用量的1.5倍制作出更加浓厚的基本茶。如果在基本茶中加入糖浆，冰冻过程中糖浆会很容易沉淀到底部，因此制作冰块奶茶时，糖浆最好在之后的步骤中加入。

2. 将基本茶倒入冰块模具

基本茶倒入模具时的温度需要根据模具材质进行调整。如果是硅胶模具，则需要将茶水冷却后再倒入；如果是塑料模具，则可以直接将热茶倒入。液体在冰冻过程中体积会增加，因此将茶水倒入模具时需留出一些空间。

3. 制作冰块

需要在-20℃的冷冻室冻4~5个小时。每隔一小时将模具取出、轻轻摇匀，能够让冰块的颜色更加均匀。充分冰冻6个小时后，将模具取出。

4. 将冰块放入杯中

基本茶完全冻实之后，将其从模具中分离，放入杯中，然后加入牛奶。如果希望冰块迅速融化，以便尽快饮用，则可以使用常温牛奶；如果希望冰块慢慢融化细细品味，则可使用冰牛奶。糖浆最好在将牛奶倒入盛有冰块的杯子之前提前加入牛奶中，并搅拌均匀。

让奶茶拥有不同颜色的层次

制作分层奶茶

很多网红奶茶都有一个共同的特点，就是：分层。不同的颜色一层一层形成渐变，这种奶茶被称为Floating Milk Tea。其制作关键就在于液体的密度差，而决定液体密度的成分就是“糖”，糖的含量能够影响液体的密度。根据这个原理，我们在这里介绍三种分层奶茶的做法。

Tiger Milk Tea 老虎奶茶

老虎奶茶在韩国掀起了黑糖奶茶的热潮。使用黑糖糖浆和牛奶制作而成的黑糖奶茶，外观十分特别。来自于中国台湾的这款奶茶，最初并没有使用茶作为原料，而只是加入了黑糖糖浆和牛奶，但是由于名字使人们产生了一些误解。黑糖是未经过高度精炼的粗糖，含有糖蜜成分，颜色为褐色，口味上有一些焦糖和糖稀的风味。黑糖糖浆的制作方法请参考第240页。

1. **在杯子内壁涂上黑糖糖浆**

   在准备好的杯子内壁涂一层黑糖糖浆。要想使奶茶成品的纹理很好地显现出来，需要将黑糖糖浆涂得尽量均匀。黑糖糖浆的黏稠度也十分重要，在家自己制作时一定要尽量提高糖浆的黏稠度。

2. **准备冰块和奶茶**

   向冷却至常温的基本茶中加入牛奶，制作出冰奶茶，但是不需要加入糖浆，涂在杯子内壁的黑糖糖浆就可以带来足够的甜度了。

3. **加入冰块，倒入奶茶**

   将冰块放入已经涂好黑糖糖浆的杯子中，然后倒入奶茶。倒入奶茶时，一定要尽量快速，这样杯子内壁的黑糖糖浆才不会脱落，奶茶成品才能呈现出漂亮的纹理。

Tea Up Milk Down 上茶下奶

和茶相比，牛奶的密度要大得多。先倒入牛奶，然后慢慢倒入茶时，由于两种液体的密度差，茶会自然而然地浮于牛奶之上。如果向牛奶中加入糖，则能够进一步提高牛奶的密度，使分层更明显。

1. 加入糖浆

首先在杯子中倒入糖浆。除了糖浆之外，也可以选择使用白砂糖、蜂蜜、龙舌兰糖浆、枫糖浆、低聚糖等其他种类的甜味调料。

2. 加入牛奶

倒入牛奶，与甜味调料混合均匀，提高牛奶的密度。牛奶的密度原本就高于茶水，因此将茶水慢慢倒入就可以形成分层，而在牛奶中加入糖分则能够使分层更加明显。

3. 加入冰块

向搅拌好的牛奶中放入冰块。在分层奶茶中加入冰块，然后在其上倒入质量较轻的液体，冰块便能像调酒勺一样，使液体慢慢搅动，起到缓冲作用。

4. 慢慢倒入冷却好的茶

最后将已冷却好的基本茶慢慢倒入。如果想要再增添一些变化，则可以在倒入基本茶之后再加入一层奶泡，制成三层渐变奶茶。

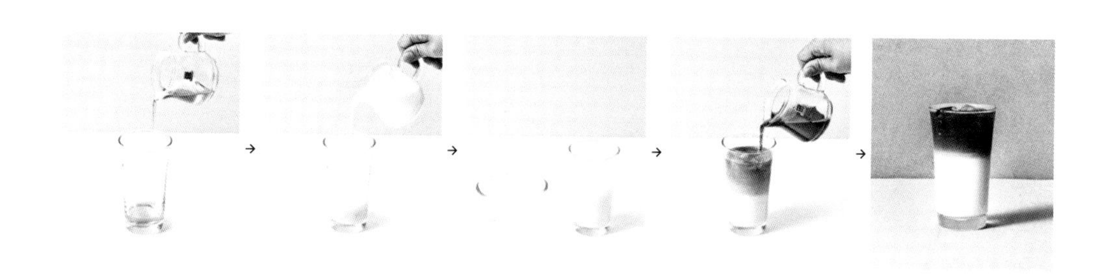

Milk Up Tea Down 上奶下茶

将上茶下奶的制作顺序颠倒，便能够制作出上奶下茶的分层奶茶。先倒入茶，加入糖浆，提高茶的密度，然后再加入牛奶，则牛奶和茶不会混合，可以形成分层。

1. 加入糖浆

首先在杯子中倒入糖浆。糖浆的量越大分层越明显。一般来说，一杯奶茶加入30毫升糖浆较为合适。如果加入更多的糖浆，则更容易形成明显的分层。

2. 加入冷却好的茶

将冷却好的茶倒入已加入糖浆的杯子里。如果茶水中的糖分不够充足，则茶和牛奶有可能混合在一起，无法形成分层。

3. 将茶和糖浆混合均匀

用勺子将茶和糖浆搅拌均匀。如果没有充分搅拌，则比茶水更重的糖浆会沉至底部，导致奶茶口味不均匀。

4. 加入冰块

将冰块放入杯中。根据个人喜好，也可以不加冰。但是不加冰的话，奶茶的冰凉感无法持续很久。

5. 加入牛奶

慢慢倒入牛奶，使牛奶和茶水形成分层。需注意：如果倒入牛奶的速度过快，则很有可能会导致牛奶和茶混合，形成一个中间层。

PART 1

世界各地的招牌奶茶

起源于东方的茶最初是作为药来供人饮用的，后来经过中国西藏和欧洲，传至全球，成为世界人民喜爱的饮品。奶茶就是在这个过程中诞生的。虽然不同地区的制作方法和命名方式不尽相同，但在茶中加入牛奶的饮用方式大同小异。早餐茶和阿萨姆CTC是制作奶茶时最常用的基本茶原料。本部分将为大家介绍10种以早餐茶和阿萨姆CTC为原料的世界各地的招牌奶茶。

WORLD MILK TEA

WORLD MILK TEA

Base 英式早餐茶

热饮

英国　英式奶茶

英式奶茶并不是一种饮品，而是一种饮用方式，在冲泡得十分浓郁的红茶中加入少许牛奶，使其口感变得柔和易饮。本书将介绍MIF（Milk in first）派的英式奶茶做法，即先加入牛奶后加入红茶的饮用方式。下面就随我们一起来享受微苦红茶中散开的新鲜奶香吧！推荐使用能够更好保留住新鲜牛乳纯正奶香的低温杀菌奶。

配方

基本茶	英式早餐茶6克（茶包3个）、沸水300毫升
乳制品	牛奶100毫升
甜味调料	白砂糖（根据个人喜好决定用量）

制作方法

1. 向沏茶壶中倒入热水进行预热。
2. 将英式早餐茶放入1中，倒入300毫升沸水，冲泡5分钟。
3. 另取一奉茶壶，将常温牛奶倒入。
4. 将过滤网放于3上，将泡好的早餐茶倒入，滤出茶叶。
5. 最后放入白砂糖搅拌均匀即可。

小贴士／ 一定要使用浓茶

英式奶茶要使用冲泡得较浓的红茶，迪尔玛（Dilmah）、曼斯纳（Mlesna）、福特纳姆和玛森（Fortnum & Mason）、川宁（Twinings）等品牌的早餐茶都比较合适，也可选用约克郡金牌红茶（Yorkshire Gold）或约克郡茶（Yorkshire Tea）。

WORLD
MILK TEA

Base 早餐茶+小豆蔻+丁香

热饮

也门　亚丁奶茶

亚丁奶茶来自于位于阿拉伯半岛的也门，与卡拉克茶同为西南亚的代表奶茶。它们在外观上虽然很相似，但亚丁奶茶不使用牛奶，而以无糖炼乳加水来代替，因此口感味道完全不同。现在就跟我们一起来品尝品尝亚丁奶茶独特的味道吧！

配方

基本茶　早餐茶4克（茶包2个）、水150毫升、小豆蔻4粒、丁香1粒

乳制品　无糖炼乳50毫升

甜味调料　白砂糖1小勺

装饰配料　丁香少许

制作方法

1. 在牛奶锅中加入150毫升水、小豆蔻、丁香、无糖炼乳，中火煮沸。
2. 开始沸腾后，加入早餐茶和白砂糖，调至小火，继续熬煮。
3. 根据个人喜好，煮至适当浓度后关火。一般来说，小火熬煮2~3分钟较为合适。
4. 在预热好的茶杯上放过滤网，将煮好的奶茶倒入，滤出茶叶。
5. 最后放上装饰用丁香作为点缀。

小贴士ノ 选择合适的无糖炼乳

亚丁奶茶的关键在于无糖炼乳。韩国国内能够购买到的无糖炼乳种类有限，推荐使用子母淡奶（DUTCH LADY evaporated milk）或雀巢三花淡奶（Carnation evaporated milk）。

WORLD MILK TEA

Base 阿萨姆CTC+小豆蔻

热饮

西南亚　卡拉克茶

卡拉克茶是阿联酋、卡塔尔、科威特等亚洲西南部地区常见的奶茶饮品。通过在中东地区工作的印度籍工人流传至当地，被称作“Karak Chai”。与添加了各种香料的印度玛莎拉茶不同，卡拉克茶只加入1~2粒小豆蔻或丁香。

配方

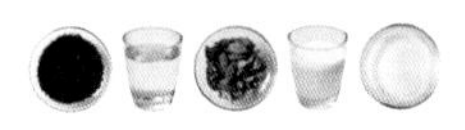

基本茶	阿萨姆CTC 6克、水150毫升、小豆蔻2粒
乳制品	牛奶150毫升
甜味调料	白砂糖2小勺
装饰配料	小豆蔻少许

制作方法

1. 在牛奶锅中倒入150毫升的水，煮沸。
2. 水沸腾后，将小豆蔻拍碎，与阿萨姆CTC一起放入锅中，大火烧煮。
3. 将牛奶和白砂糖放入2，调至小火。
4. 牛奶煮沸后关火，取一马克杯，放好过滤网，将煮好的奶茶倒入杯中，滤出茶叶和小豆蔻。
5. 另取一个马克杯，将奶茶来回倒4~5次，直至有泡沫产生。
6. 最后将奶茶倒至预热好的茶杯中，并放上小豆蔻作点缀。

小贴士／只使用一种香料

卡拉克茶来源于印度奶茶，基本茶推荐使用浓郁的阿萨姆CTC或早餐茶，需要注意的是，不要使用多种香料，只加入一种香料，如小豆蔻即可。

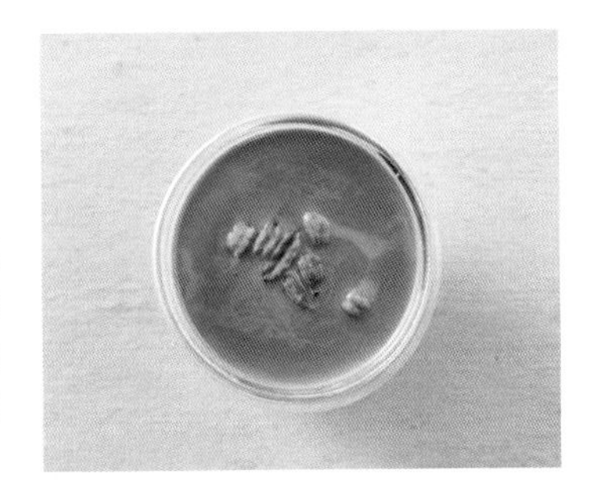

WORLD MILK TEA

Base 早餐茶+阿萨姆CTC

热饮

日本　皇家奶茶

日本皇家奶茶在韩国也十分受欢迎。同印度奶茶一样，它是在茶中加入牛奶煮制而成的，香浓醇厚。一般以牛奶、水、红茶、白砂糖为原料，根据个人喜好也可以使用炼乳、蜂蜜或其他加香红茶。

配方

基本茶　早餐茶2克（茶包1个）、阿萨姆CTC 4克、水150毫升

乳制品　牛奶150毫升

甜味调料　白砂糖2小勺

制作方法

1. 将150毫升水倒入牛奶锅中，煮至100℃。
2. 煮沸后，加入早餐茶和阿萨姆CTC，大火烧煮。
3. 在2中加入牛奶和白砂糖，调至小火，慢慢搅拌加热。
4. 取预热好的茶杯，放上过滤网，将煮好的奶茶倒入杯中，滤出茶叶。

小贴士ノ 牛奶和水的比例为1：1

制作皇家奶茶时，一般牛奶和水的比例以1：1为宜，但是也可以根据个人的偏好进行调整。制作基本茶时，也可以从早餐茶和阿萨姆CTC红茶中选择一种使用。

WORLD MILK TEA

Base 阿萨姆CTC

热饮

巴基斯坦　奶煮茶

Doodh Patti Chai（奶煮茶）是巴基斯坦十分常见的奶茶，不加水，仅以红茶、牛奶、甜味调料为原料制作而成。Doodh意为牛奶，Patti意为叶子，Chai意为茶，合起来即为“牛奶茶叶”。除巴基斯坦外，在邻近的印度和尼泊尔也十分常见，适合喜欢浓郁口味的奶茶爱好者。

配方

基本茶	阿萨姆CTC 6克
乳制品	牛奶250毫升
甜味调料	白砂糖1小勺

制作方法

1. 将250毫升牛奶倒入牛奶锅中，中火煮沸。
2. 牛奶开始沸腾之后，加入阿萨姆CTC和白砂糖。
3. 调至小火，根据个人喜好，搅拌熬煮至适当浓度。
4. 取预热好的茶杯，放上过滤网，将煮好的奶茶倒入杯中，滤出茶叶。

小贴士ノ 尝试使用不同品牌的阿萨姆CTC

随着奶茶的流行，如今可以很容易地购买到各种不同品牌的阿萨姆CTC，如印度的普利米尔（Premier's Tea）、德国的贝蒂那迪（Betty Nardi）、斯里兰卡的阿客巴（AKBAR）、韩国的自然之茶（Nature Tea）等，可以尝试用不同品牌的阿萨姆CTC制作出各种异国风味的奶煮茶。

WORLD MILK TEA

Base 早餐茶

冷饮

中国台湾　珍珠奶茶

台湾的珍珠奶茶有许多别称，如泡沫奶茶（Bubble Tea）、波霸奶茶（Boba）、黑珍珠奶茶（Black Pearl Tea）等。珍珠奶茶的诞生据传可以追溯到1984年，台湾一家名为“春水堂”的茶店在制作奶茶时使用了鸡尾酒调酒器，因为会产生许多泡沫便称之为泡沫奶茶，3年后他们开始在泡沫奶茶中加入珍珠粉圆，便有了如今的珍珠奶茶。

配方

基本茶　早餐茶6克（茶包3个）、沸水150毫升、冰块

乳制品　咖啡伴侣2小勺

甜味调料　白砂糖2小勺

装饰配料　黑色珍珠粉圆30~40克（制作方法参照245页）

制作方法

1. 向马克杯中倒入热水进行预热。
2. 将早餐茶和沸水150毫升倒入马克杯，冲泡5分钟。
3. 在2中加入白砂糖，搅拌均匀后，用过滤网滤出茶叶。
4. 在鸡尾酒调酒杯中放入半杯冰块，并加入咖啡伴侣。
5. 将3倒入4中，盖上杯盖，猛烈摇晃10~15秒。
6. 在杯子中加入准备好的珍珠粉圆和冰块，然后将混合好的奶茶倒入即可。

小贴士丿 **制作珍珠粉圆时使用的糖浆，水糖比例以2：1为最佳**

珍珠粉圆煮10分钟后，要放置10分钟，再用冷水冲洗。最后在珍珠外表包裹一层糖浆，糖浆的水和白砂糖比例以2：1为宜。

WORLD MILK TEA

Base 早餐茶

热饮&冷饮

中国香港　港式奶茶

香港人对奶茶情有独钟，自20世纪20年代英式下午茶普及之后，为了迎合中国人的口味，以炼乳或浓缩牛奶代替牛奶加入红茶中，便形成了港式奶茶。港式奶茶不用冲泡的形式，而是用长布条做成的滤茶网过滤出基本茶，过滤网的样式与丝袜很相似，因此也被称为“丝袜奶茶”。

配方

基本茶　早餐茶10克（茶包5个）
热饮 沸水200毫升；冷饮 沸水200毫升+冰块

乳制品　无糖炼乳75毫升

甜味调料　白砂糖2小勺

制作方法

热饮
1. 将水煮至100℃后，润湿滤茶网。
2. 将早餐茶放入滤茶网，然后倒入200毫升沸水。
3. 将过滤出的茶水反复倒入滤茶网再过滤4~5回，直至滤出足够浓的茶水。
4. 将白砂糖和3倒入预热好的茶杯中，搅拌均匀。
5. 最后慢慢加入无糖炼乳即可。

冷饮
1. 将水煮至100℃后，润湿滤茶网。
2. 将早餐茶放入滤茶网，然后倒入200毫升沸水。
3. 将过滤出的茶水反复倒入滤茶网再过滤4~5回，直至滤出足够浓的茶水。
4. 将白砂糖加入3，搅拌均匀后冷却至常温。
5. 在杯子中加满冰块后，将冷却好的茶倒入。
6. 最后慢慢加入无糖炼乳即可。

小贴士 推荐使用立顿黄牌精选红茶

可以使用香港人十分喜爱的立顿黄牌精选红茶来代替早餐茶。如果想品尝浓郁的港式红茶，则可以增加红茶的用量，红茶用量越大，奶茶的味道越为醇厚。

WORLD MILK TEA

Base 早餐茶

热饮 & 冷饮

中国香港　鸳鸯奶茶

在港式奶茶中加入咖啡则可制成鸳鸯奶茶。鸳鸯奶茶常被称为港式奶茶，但严格来讲它只是港式奶茶中的一种，可以算作是马来西亚咖啡茶（Kopi Cham）的香港版本。茶和咖啡的味道混合在一起，相得益彰，就如同感情甚好的一对情侣，因此又称为鸳鸯奶茶。

配方

基本茶　早餐茶10克（茶包5个）、浓缩咖啡30毫升
热饮 沸水200毫升；冷饮 沸水200毫升+冰块

乳制品　无糖炼乳75毫升

甜味调料　白砂糖2小勺

制作方法

热饮

1. 将水煮至100℃后，润湿滤茶网。
2. 将早餐茶放入滤茶网，然后倒入200毫升沸水。
3. 将过滤出的茶水反复倒入滤茶网再过滤4~5回，直至滤出足够浓的茶水。
4. 将茶、白砂糖、浓缩咖啡倒入预热好的茶杯中，搅拌均匀。
5. 最后慢慢加入无糖炼乳即可。

冷饮

1. 将水煮至100℃后，润湿滤茶网。
2. 将早餐茶放入滤茶网，然后倒入200毫升沸水。
3. 将过滤出的茶水反复倒入滤茶网再过滤4~5回，直至滤出足够浓的茶水。
4. 将白砂糖、浓缩咖啡加入3，搅拌均匀后冷却至常温。
5. 在杯子中加满冰块后，将冷却好的茶倒入。
6. 最后慢慢加入无糖炼乳即可。

小贴士／可以使用速溶咖啡

制作鸳鸯奶茶时并不是必须要使用浓缩咖啡，以速溶黑咖啡来代替也可以制作出味道、口感毫不逊色的鸳鸯奶茶。

WORLD MILK TEA

Base 泰式茶

冷饮

泰国　泰式冰奶茶

在泰国，不论是餐馆、路边摊，还是咖啡店，几乎随处都可以看到泰式冰奶茶。它使用泰式茶（Thai Tea Mix）作为基本茶，加入炼乳和无糖炼乳来代替牛奶。在红茶中添加各种香料制成的泰式茶具有独特的甜香味道。

配方

基本茶	泰式茶（手标泰茶）10克、沸水200毫升、冰块
乳制品	炼乳30毫升、无糖炼乳45毫升
甜味调料	白砂糖2小勺
装饰配料	黑色珍珠粉圆15克（做法参见245页）

制作方法

1. 在牛奶锅中放入泰式茶和200毫升沸水，小火煮5分钟，制成浓郁的泰式基本茶。
2. 取马克杯，放上过滤网，将茶倒入，滤出茶叶。
3. 将炼乳和白砂糖加入2，搅拌均匀。
4. 在杯子中加满冰块，将3倒入。
5. 最后加入无糖炼乳即可。

小贴士丿 一定要使用泰式茶

制作泰式冰奶茶一定要使用泰式茶，推荐使用泰国国民品牌——手标泰茶的泰式茶。市面上的进口泰式茶中有不少产品含食用色素，购买时一定要仔细挑选。

WORLD
MILK TEA
Base 阿萨姆CTC

热饮

印度　玛莎拉茶

玛莎拉茶（Masala Chai）是印度最具代表性的奶茶，“Masala”意为香辛，“Chai”意为茶。印度阿萨姆地区自1835年开始栽种红茶后，便出现了在红茶中添加牛奶、香料和甜味调料的茶饮配方。20世纪60年代后，人们在制作红茶的过程中开始采用CTC工艺（参见53页），这种茶饮随之广泛流传。如今，以“印度拉茶拿铁（Chai Tea Latte）”的名字为人们所熟知，在世界各地广受欢迎。

配方

基本茶	阿萨姆CTC 6克、水150毫升
乳制品	牛奶150毫升
甜味调料	玛莎拉调味粉1/4小勺、白砂糖2小勺
装饰配料	八角茴香1个

制作方法

1. 将150毫升水倒入牛奶锅中，煮至100℃。
2. 水煮沸后，加入阿萨姆CTC，大火烧煮。
3. 在2中加入牛奶、玛莎拉调味粉和白砂糖，调至小火，慢慢搅拌。
4. 牛奶煮沸后关火，取马克杯，放上过滤网，将3倒入。
5. 另取一马克杯，将奶茶在两个马克杯之间来回反复倒4~5次，直至有泡沫产生。
6. 最后将奶茶倒入预热好的茶杯中，放上八角茴香作点缀即可。

小贴士／可以使用香料泡水来代替玛莎拉调味粉

如果没有玛莎拉调味粉，可根据个人喜好选择香料泡水，然后使用加入香料泡出的水来熬煮阿萨姆CTC红茶即可。阿萨姆CTC红茶推荐选用普利米尔（Premier's Tea）、贝蒂那迪（Betty Nardi）、阿客巴（AKBAR）、自然之茶（Nature Tea）等品牌。

VANILLA
Dilmah
THE SINGLE ORIGIN TEA
100% PURE CEYLON
CEYLON BLACK TEA
Dilmah
APPLE
3-5 min

PART 2

用红茶制作奶茶

奶茶始于红茶。红茶虽然是六大茶类中出现最晚的一类，但如今已经成为了全球消费量最大的茶叶种类。红茶因为其浓郁的口味和强烈的香气在欧洲格外受欢迎，在红茶中加入牛奶是欧洲人的日常做法。纯红茶、调和红茶、加香红茶……任何种类的红茶，只要冲泡出浓茶，即可用于制作奶茶。现在，准备好浓郁醇香的红茶和牛奶，开始我们的奶茶课堂吧！

BLACK TEA + MILK

关键在于“红茶的浓郁”

制作出美味奶茶的关键就在于茶要足够浓，只有这样，在加入牛奶后红茶的香味才不会被遮盖住。使用橙黄白毫碎叶（Broken Orange Pekoe）或片茶（Fannings）等级的红茶，则可以在短时间内泡出足够浓郁的基本茶。

早餐茶、阿萨姆CTC

制作奶茶最常用的红茶是早餐茶和经由CTC（Cut、Tear、Curl）工艺制作而成的印度阿萨姆红茶。使用早餐茶时，要将红茶冲泡之后加入牛奶，而使用阿萨姆CTC时，则需要用加水熬煮的方式煮出浓郁的茶水后加入牛奶。不过这两种方法并不是绝对的标准，可以根据个人的喜好选用不同的做法。

茶叶用量需比一般饮用的纯茶多2~3倍

制作一杯奶茶大约需要6克红茶茶叶。以一杯茶饮为基准（热饮则为一茶壶），一般饮用的纯茶需要使用2~3克红茶茶叶，与其相比，奶茶的茶叶用量要高出2~3倍。如果使用茶包，则需要放入2~3个茶包。也可以将茶叶和茶包混合使用，这时可以按照个人喜好随意配比，一般来说，茶叶和茶包的配比在2：1或1：2为宜。

适合红茶奶茶的调和茶

对于奶茶来说，基本茶最为重要。使用不同成分的基本茶可以制作出不同味道、不同口感的奶茶。在基本的早餐茶、阿萨姆CTC中加入各种不同种类的红茶进行调和，则能够制作出独一无二的基本茶。

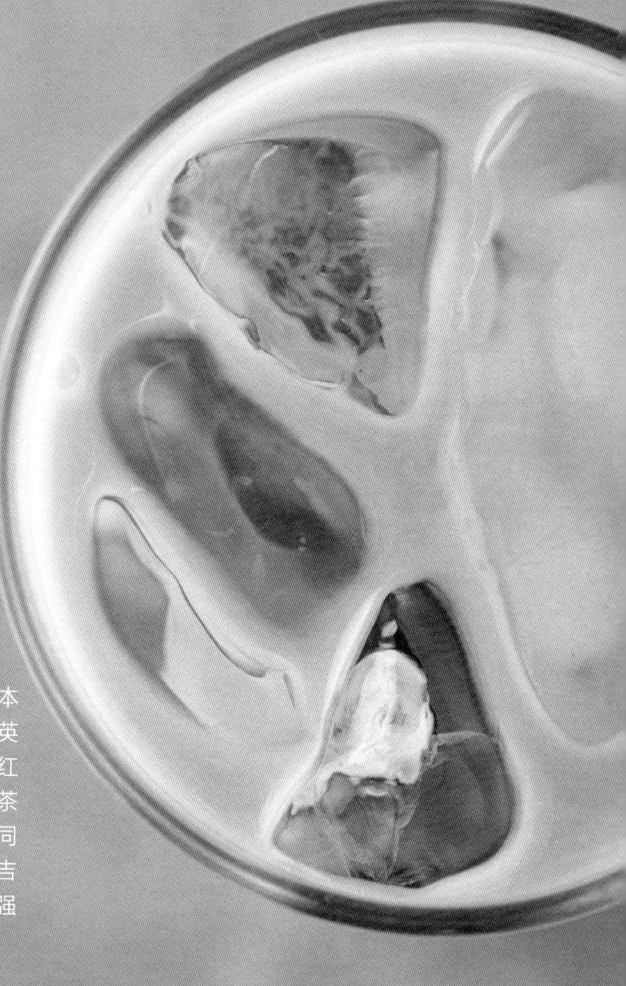

早餐茶

口味浓郁的早餐茶是制作奶茶时常用的基本茶。其中，与斯里兰卡的锡兰红茶调和而成的英式早餐茶最具代表性。用早餐茶与单一品种的红茶或加香红茶调和时，早餐茶的用量不要超过茶叶总用量的30%，这样才能够在加强茶浓度的同时保留住单一品种茶叶细腻且独特的香味。大吉岭茶、祁门红茶、正山小种、滇红茶等具有较强特色的红茶都很适合与早餐茶混合调和。

阿萨姆CTC

阿萨姆CTC是最适合用来制作奶茶的基本茶原料，栽培于印度的阿萨姆地区，带有浓郁的麦芽香，能够在极短的时间泡出浓郁的红茶。如果说用早餐茶制成的奶茶是清爽与醇香兼备的话，用阿萨姆CTC制作而成的奶茶则更为厚重浓郁。因此，与其他种类的茶叶混合调和时，阿萨姆CTC最好作为配料，用量不要超过茶叶总用量的30%。另外，阿萨姆CTC也很适合与香草、焦糖、巧克力、枫糖等加香红茶搭配调和。

早餐茶+阿萨姆CTC

如果想要品尝口味强烈且香气浓郁的奶茶，则可以将早餐茶和阿萨姆CTC混合调和使用。锡兰红茶（大部分早餐茶的主要原料）的清香和阿萨姆红茶的厚重感相辅相成，能使奶茶的口味更加突出。偏好清爽口感的醇香奶茶，则可以稍微增加早餐茶的比例，若更喜欢浓厚口感的奶茶，则可以适当增加阿萨姆CTC的用量。

适合红茶奶茶的配料

基本茶决定奶茶的基调，而其他配料则能够为奶茶增添不同的个性。可以使用巧克力、焦糖、香草、黑朗姆酒、马斯卡彭芝士等适合与牛奶搭配的配料。

巧克力

巧克力是由可可树的果实——可可豆的提取物制成，巧克力酱、巧克力粉、巧克力糖浆等各种形态的巧克力产品都能够用于制作饮品。其中液体形态的巧克力使用起来最为容易，可根据不同的奶茶类型选择黑巧克力、牛奶巧克力或白巧克力。

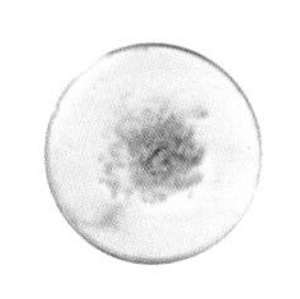

焦糖

焦糖作为一种甜味调料，通过加热白砂糖使其分子结构改变而制成。可加入黄油、鲜奶油、牛奶等做出各种各样的配料。制作奶茶时，加入少量即可，因为能使焦糖的风味凸显出来才是关键。

香草

香草通常是指由兰科植物果实——香草豆制成的香料，其香甜而柔和的香气能够让奶茶更加香甜可口。香草通常会被制作成香草精或糖浆，以便使用。

白兰地

浓缩了果实香味的白兰地，只需加入少许便可调出十分高级的口味。白兰地的度数偏高，在35%~60%vol，因此如果加入过量可能使奶茶变成鸡尾酒饮料，需加以注意。一般来说，制作一杯奶茶以加入10毫升白兰地为宜。

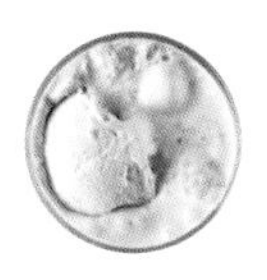

黑朗姆酒

朗姆酒是在旧橡木桶中发酵制成的，在生产过程中会加入香料，因此带有香草和焦糖的香气。在奶茶中加入黑朗姆酒可以使奶茶的口味变得厚重而香甜。一杯奶茶一般以加入10毫升黑朗姆酒为宜。

柑橘果皮

使用柑橘类水果的果皮，可以制作出口味更加甘甜可口的奶茶饮品。柑橘果皮中含有的果油成分能够让奶茶的香气更加清爽。也可以将柑橘果皮做成新鲜果皮丝来使用。

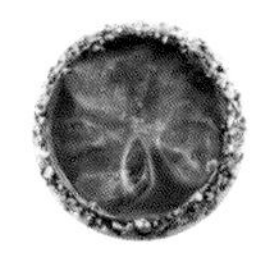

坚果

花生、杏仁、夏威夷果、腰果、核桃、开心果、榛子等，香气各不相同，选择不同的坚果作为配料可以突出不同种类奶茶的特色。使用坚果类糖浆可以轻松制作出十分独特的奶茶。

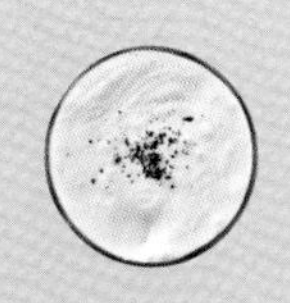

奶油

奶油的主要成分是从牛奶中提炼出的乳脂，很适合用作奶茶配料。与牛奶相比，奶油的乳脂味道更加浓郁，能够增加奶茶的厚重感。在奶油中添加各种其他配料，则可以为奶茶带来更多与众不同的独特口味。

CLASSIC MILK TEA

Base 伯爵红茶+早餐茶

热饮

伯爵奶茶

作为最初的加香红茶，伯爵红茶是在祁门红茶、正山小种、锡兰红茶等红茶中添加从佛手柑等柑橘类果皮中萃取出的香精油制作而成。柑橘的果香与红茶相得益彰，芬芳馥郁，伯爵红茶与早餐茶混合制作出的奶茶隐隐飘香、口感醇厚。

配方

基本茶	伯爵红茶3克、早餐茶3克、沸水300毫升
乳制品	牛奶100毫升
甜味调料	白砂糖（根据个人喜好决定用量）

制作方法

1. 将热水倒入沏茶壶进行预热。
2. 将伯爵红茶和早餐茶放入1中，倒入300毫升沸水，冲泡5分钟。
3. 另取奉茶壶倒入常温的牛奶。
4. 在3上放过滤网，将泡好的茶倒入，滤去茶叶。
5. 最后将奶茶倒入预热好的茶杯中，加入白砂糖即可。

小贴士ノ 根据香味的强度选择红茶品牌

伯爵红茶的香味强度会随红茶中添加的佛手柑果油含量而不同。如果偏好香味较强的伯爵奶茶，推荐使 用Dilmah、Fortnum & Mason、Steven Smith Teamaker、Rishi Tea、Twinings等品牌的伯爵红茶。

CLASSIC MILK TEA

Base 树莓加香红茶+早餐茶

热饮&冷饮

树莓奶茶

这是一款散发着树莓香味的奶茶饮品。如果希望树莓的香气能够更加强烈，可以加入少量的树莓糖浆，也可以在泡茶的时候放入一些树莓，一杯奶茶加入3~4个树莓即可。

配方

基本茶　树莓加香红茶茶包2个，早餐茶2克（茶包1个）
热饮 沸水300毫升；冷饮 沸水150毫升+冰块

乳制品　牛奶100毫升

甜味调料　白砂糖（按个人喜好决定用量）

装饰配料　树莓果干若干

制作方法

热饮

1. 向沏茶壶中倒入热水进行预热。
2. 将树莓加香红茶茶包和早餐茶放入1，倒入沸水300毫升，冲泡5分钟。
3. 另取一奉茶壶，倒入常温的牛奶。
4. 在3上放过滤网，将泡好的茶倒入，滤去茶叶。
5. 将奶茶稍加搅拌后，放入白砂糖并搅拌均匀。
6. 最后将奶茶倒入预热好的茶杯，撒上树莓果干作点缀即可。

冷饮

1. 向沏茶壶中倒入热水进行预热。
2. 将树莓加香红茶茶包和早餐茶放入1，倒入沸水150毫升，冲泡5分钟。
3. 在泡好的茶中加入白砂糖，搅拌均匀。
4. 向杯子中加满冰块，放上过滤网，将3倒入。
5. 最后倒入冰牛奶，撒上树莓果干。

CLASSIC MILK TEA

Base 苹果加香红茶+早餐茶

冷饮

苹果奶茶

苹果的清香与红茶搭配起来也十分合适。使用苹果加香红茶制作奶茶，然后用若干新鲜苹果切片做装饰，即可完成一杯苹果奶茶。红茶中隐隐散发的苹果香，再加上新鲜苹果切片带来的清新香气，更加突出了苹果奶茶的特色风味。

配方

基本茶　苹果加香红茶茶包2个、早餐茶2克（茶包1个）、沸水150毫升、冰块

乳制品　牛奶100毫升

甜味调料　白砂糖（按个人喜好决定用量）

装饰配料　新鲜苹果切片5片

制作方法

1. 向沏茶壶中倒入热水进行预热。
2. 将苹果加香红茶和早餐茶放入1，倒入沸水150毫升，冲泡5分钟。
3. 在泡好的茶中加入白砂糖，搅拌均匀。
4. 在杯子中加满冰块，放上过滤网，将3倒入。
5. 倒入冰牛奶，最后放上提前准备好的新鲜苹果切片作点缀即可。

小贴士ノ 每种品牌的红茶香味各不相同

Dilmah、Mlesna、Janat、Fauchon等各种品牌的苹果加香红茶香味不尽相同，建议提前进行确认后再购买。另外，含有强烈青苹果香的Dilmah苹果茶十分适合用作苹果奶茶的基本茶。

CLASSIC MILK TEA

Base 枫糖加香红茶+早餐茶

冷饮

枫糖浆奶茶

浓郁的枫糖红茶与牛奶口味十分相称，因此很久以前就有许多红茶爱好者喜欢用牛奶搭配枫糖红茶一起饮用。如果买不到枫糖红茶，也可以用枫糖浆代替枫糖红茶。不推荐添加其他配料。

配方

基本茶　曼斯纳（Mlesna）枫糖加香红茶茶包2个，早餐茶2克（茶包1个）、沸水150毫升、冰块

乳制品　牛奶100毫升

甜味调料　白砂糖（按个人喜好决定用量）

制作方法

1. 向沏茶壶中倒入热水进行预热。
2. 将枫糖加香红茶茶包和早餐茶放入1，倒入沸水150毫升，冲泡5分钟。
3. 在泡好的茶中加入白砂糖，搅拌均匀。
4. 在杯子中加满冰块，放上过滤网，将3倒入。
5. 最后倒入冰牛奶即可。

小贴士／若没有枫糖红茶，可以使用枫糖浆

在基本红茶中加入枫糖浆也可以制作出含有枫糖香气的枫糖奶茶。枫糖浆甜度很高，因此只需加入少量即可。

CLASSIC MILK TEA

热饮&冷饮

可可奶茶

在红茶中混入可可粒，便可制成巧克力风味的奶茶。制作奶茶时，推荐使用烘焙用可可粒，香味更加强烈，与红茶混合加入牛奶后，巧克力的香气依旧浓郁。

配方

基本茶	早餐茶6克（茶包3个）、可可粒1小勺 热饮 沸水300毫升；冷饮 沸水150毫升+冰块
乳制品	牛奶100毫升
甜味调料	白砂糖（按个人喜好决定用量）
装饰配料	可可粉少许

制作方法

热饮

1. 向沏茶壶中倒入热水进行预热。
2. 将早餐茶和可可粒放入1，倒入沸水300毫升，冲泡5分钟。
3. 另取奉茶壶，倒入常温的牛奶。
4. 在3上放过滤网，将泡好的茶倒入，滤去茶叶。
5. 将奶茶稍加搅拌后，放入白砂糖，搅拌均匀。
6. 最后将奶茶倒入预热好的茶杯，撒上可可粉作点缀即可。

冷饮

1. 向沏茶壶中倒入热水进行预热。
2. 将早餐茶和可可粒放入1，倒入沸水150毫升，冲泡5分钟。
3. 在泡好的茶中放入白砂糖，搅拌均匀。
4. 向杯子中加满冰块，放上过滤网，将3倒入 。
5. 最后倒入冰牛奶，撒上可可粉即可。

CLASSIC MILK TEA

Base 玫瑰加香红茶+早餐茶

热饮

玫瑰奶茶

这是一款散发着玫瑰花香的奶茶。用加香红茶制作奶茶时，需要加强红茶的浓度，可以使用制作奶茶时最常用的早餐茶进行调和。下面就一起来品尝满含着浓浓玫瑰香气的奶茶吧！

配方

基本茶　玫瑰加香红茶3克、早餐茶3克、沸水300毫升
乳制品　牛奶100毫升
甜味调料　白砂糖（按个人喜好决定用量）
装饰配料　玫瑰花瓣若干

制作方法

1. 向沏茶壶中倒入热水进行预热。
2. 将玫瑰加香红茶和早餐茶放入1，倒入沸水300毫升，冲泡5分钟。
3. 另取奉茶壶，倒入常温的牛奶。
4. 在3上放过滤网，将泡好的茶倒入，滤去茶叶。
5. 将奶茶倒入预热好的茶杯，放入白砂糖，搅拌均匀。
6. 最后撒上玫瑰花瓣作点缀。

小贴士ノ 选用香气强烈的红茶品牌

玫瑰加香红茶应选用香气强烈的红茶品牌，因为牛奶和红茶混合后，香气会减弱许多。比如，Dilmah（Rose with French Vanila）、Mlesna（Rose Tea）、NINA'S（Marie Antoinette Tea）、Whittard（English Rose）等都是很不错的选择。

CLASSIC MILK TEA

Base 早餐茶

热饮＆冷饮

香草奶茶

香草奶茶不使用加香红茶，而要使用香草精和香草荚。虽然价格上稍贵，但是比起加香红茶，在基本红茶中加入香草荚的做法能够使香草的香气更加浓郁，而香草精也可以为奶茶带来味道上的变化。

配方

基本茶　早餐茶6克（茶包3个）
热饮 沸水300毫升；冷饮 沸水150毫升+冰块

乳制品　牛奶100毫升

甜味调料　香草精1/4小勺、白砂糖（按个人喜好决定用量）

装饰配料　香草荚1根

制作方法

热饮
1. 向沏茶壶中倒入热水进行预热。
2. 将早餐茶放入1，倒入沸水300毫升，冲泡5分钟。
3. 另取奉茶壶，倒入常温的牛奶。
4. 在3上放过滤网，将泡好的茶倒入，滤去茶叶。
5. 将奶茶稍加搅拌后，加入香草精和白砂糖，搅拌均匀。
6. 最后将奶茶倒入茶杯，放上香草荚作点缀。

冷饮
1. 向沏茶壶中倒入热水进行预热。
2. 将早餐茶放入1，倒入沸水150毫升，冲泡5分钟。
3. 在泡好的茶中放入香草精和白砂糖，搅拌均匀。
4. 向杯子中加满冰块，放上过滤网，将3倒入。
5. 最后倒入冰牛奶，放上香草荚作点缀即可。

VARIATION
MILK TEA
Base
早餐茶+阿萨姆CTC

冷饮

瓶装奶茶

瓶装奶茶风靡韩国。本书中介绍的做法与一般的冷浸法不同，使用早餐茶和阿萨姆CTC，制作出装在瓶子里的浓郁美味特色奶茶。建议一次制作适量，尽快食用。

配方 500毫升

基本茶　早餐茶4克（茶包2个）、阿萨姆CTC 8克，水350毫升
乳制品　牛奶200毫升、炼乳20毫升
甜味调料　白砂糖（按个人喜好决定用量）、盐2小撮

制作方法

1. 向牛奶锅中倒入350毫升水，煮至100℃。
2. 水沸腾后，放入早餐茶和阿萨姆CTC，大火烧煮。
3. 茶煮得足够浓后关火，用过滤网将茶叶滤出，倒入500毫升量杯中。
4. 向3中加入炼乳、白砂糖和盐，搅拌均匀。
5. 倒入牛奶搅拌均匀后，装入洗净消毒的玻璃瓶中。
6. 盖好瓶盖，放入冰箱，冷藏保管12小时后即可饮用。

小贴士ノ 瓶装奶茶的保质期较短

瓶装奶茶的保质期非常短，因此一定要尽快饮用。也可以尝试在基本茶中加入各种加香红茶。

VARIATION
MILK TEA
Base
早餐茶+阿萨姆CTC

冷饮

香草冰淇淋奶茶

在奶茶上加入新鲜冰淇淋，浮在上层的冰淇淋缓慢融化会让奶茶的口味渐渐变得更加浓郁，可以一边等待香草冰淇淋融化，一边细细品味红茶的香气和滋味。

配方

基本茶　早餐茶2克（茶包1个）、阿萨姆CTC 4克、水150毫升
乳制品　牛奶75毫升、香草冰淇淋3球（160~175克）
甜味调料　糖浆10毫升

制作方法

1. 向牛奶锅中倒入150毫升水，煮至100℃。
2. 水沸腾后，放入早餐茶和阿萨姆CTC，大火烧煮。
3. 茶煮得足够浓后关火，用过滤网将茶叶滤出，冷却至常温。
4. 将冰牛奶和糖浆倒入茶杯搅拌后，放入冰淇淋。
5. 将冷却好的茶从茶杯一侧小心倒入。

小贴士丿 皇家婚礼红茶（Wedding Imperial）也是不错的选择

除了基本红茶之外，水果加香红茶和冰淇淋搭配起来也十分美味。法国玛黑兄弟（Mariage Frère）的皇家婚礼红茶（Wedding Imperial）含有香草、焦糖、巧克力香，很适合与香草冰淇淋搭配食用。

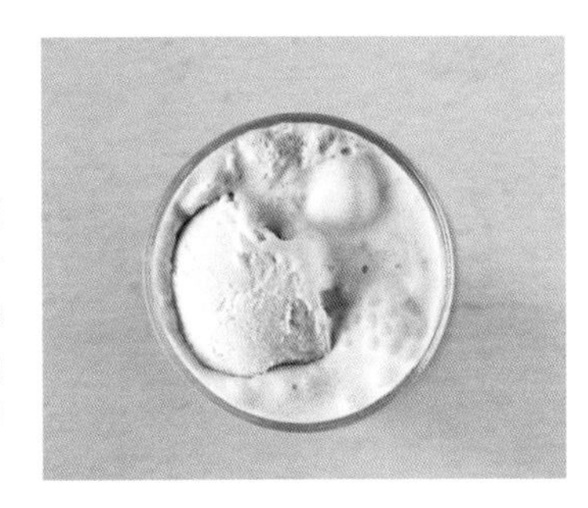

VARIATION MILK TEA

Base

阿萨姆CTC

冷饮

巧克力榛子奶茶

这是一款使用能多益（Nutella）榛子巧克力酱制作的巧克力奶茶。只需要加入少量的能多益酱，就可以品尝到可可黄油、可可粉、烤榛子的风味。一吃就会上瘾的能多益酱风味奶茶一定能给你带来全新的体验，用炒过的榛子碎作为装饰配料，仅凭外观也可以让人眼前一亮。

配方

基本茶	阿萨姆CTC 6克、水150毫升、冰块
乳制品	牛奶100毫升、炼乳10毫升
甜味调料	糖浆10毫升、能多益酱1小勺、盐1小撮
装饰配料	能多益酱1/2小勺、炒榛子碎少许

制作方法

1. 向牛奶锅中倒入150毫升水，煮至100℃。
2. 水沸腾后，放入阿萨姆CTC，大火烧煮。
3. 茶煮得足够浓后关火，用过滤网将茶叶滤出。
4. 在杯子上侧薄薄地涂上1/2小勺能多益酱，然后将炒榛子碎粘在能多益酱表面。
5. 将炼乳、糖浆、能多益酱和盐放入杯子中，充分搅拌。
6. 将煮好的茶倒入杯子中，搅拌均匀后放入冰块，最后倒入牛奶即可。

小贴士／根据个人喜好调整能多益酱和糖浆的比例

能多益酱的甜度非常高，如果不喜欢甜饮或想要饮用微甜奶茶，则可以不加入糖浆，并减少能多益酱的用量，这样就可以制成清淡版的巧克力榛子奶茶。

VARIATION MILK TEA

Base

香蕉加香红茶+早餐茶

冷饮

香蕉奶茶

这是一款能让你联想到香蕉牛奶的奶茶饮品。使用曼斯纳（Mlesna）的香蕉加香红茶作为基本茶，再用鸡尾酒签串起新鲜香蕉切片，放在杯口点缀，外观上恰如一杯鸡尾酒。

配方

基本茶　香蕉加香红茶4克（茶包2个）、早餐茶2克（茶包1个）、沸水150克、冰块

乳制品　牛奶100毫升

甜味调料　白砂糖（按个人喜好决定用量）

装饰配料　新鲜香蕉切片3~4片

制作方法

1. 向沏茶壶中倒入热水进行预热。
2. 将香蕉加香红茶和早餐茶放入1，倒入沸水150毫升，冲泡5分钟。
3. 在泡好的茶中加入白砂糖。
4. 在杯子中加满冰块，放上过滤网，将3倒入。
5. 倒入冰牛奶，用鸡尾酒签串起新鲜香蕉切片，置于杯口作点缀。

小贴士ノ **可使用新鲜香蕉切片代替加香红茶**

如果买不到香蕉加香红茶，也可以使用新鲜香蕉。泡茶时直接放入香蕉切片，香蕉的香气即可融入红茶中，达到加香的效果。

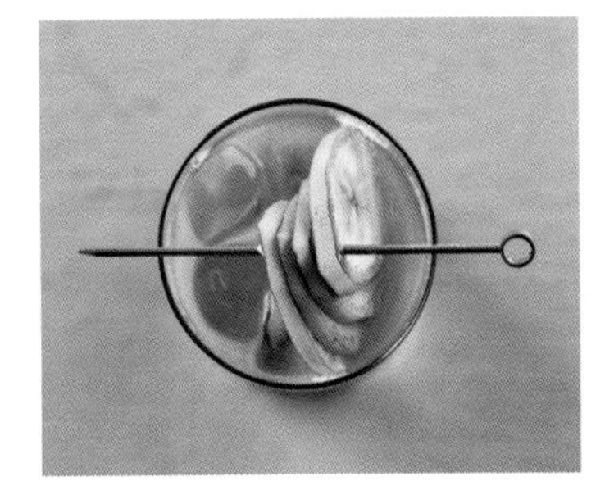

VARIATION MILK TEA

Base

锡兰红茶+柠檬加香红茶+茴香籽

热饮 & 冷饮

茴香蜂蜜柠檬奶茶

香气十分强烈的茴香在西方主要用于搭配海鲜，含有强烈香气的同时，也散发着甘甜的香味，与柠檬加香红茶的搭配恰到好处，口味甘甜，香气清冽。泡制柠檬加香红茶时，加入新鲜柠檬果皮丝，可以进一步提升清爽的口感。

配方

基本茶　锡兰红茶4克（茶包2个）、柠檬加香红茶2克（茶包1个）、茴香籽1/4小勺

热饮 沸水300毫升；冷饮 沸水150毫升+冰块

乳制品　牛奶80毫升

甜味调料　糖浆15毫升

装饰配料　新鲜柠檬果皮丝少许

制作方法

热饮

1. 向沏茶壶中倒入热水进行预热。
2. 将锡兰红茶、柠檬加香红茶和茴香籽放入1，倒入沸水300毫升，冲泡5分钟。
3. 在预热好的茶杯中加入糖浆，放上过滤网，将2倒入。
4. 将牛奶加热至适当温度，倒入茶杯中，最后放入新鲜柠檬果皮丝。

冷饮

1. 向沏茶壶中倒入热水进行预热。
2. 将锡兰红茶、柠檬加香红茶和茴香籽放入1，倒入沸水150毫升，冲泡5分钟。
3. 在杯子中加入糖浆，盛满冰块。
4. 在3上放过滤网，将2倒入。
5. 将冰牛奶倒入杯子里，最后放入新鲜柠檬果皮丝。

VARIATION
MILK TEA
Base
早餐茶+阿萨姆CTC

冷饮

黑糖黑珍珠奶茶

这是一款用最近人气很高的黑糖糖浆和黑珍珠粉圆制成的珍珠奶茶。黑糖是一种没有经过高度精炼的蔗糖，使用较容易购买到的有机原蔗糖即可。本款奶茶可以让你同时品尝到黑糖的香甜焦糖风味和珍珠粉圆的筋道口感。

配方

基本茶	早餐茶2克（茶包1个）、阿萨姆CTC 4克、水150毫升、冰块
乳制品	牛奶100毫升
甜味调料	黑糖糖浆30毫升（做法参照240页）、盐1小撮
装饰配料	黑珍珠粉圆30克（做法参照245页）

制作方法

1. 向牛奶锅中倒入150毫升水，煮至100℃。
2. 水沸腾后，放入早餐茶和阿萨姆CTC，小火熬煮。
3. 茶煮得足够浓后关火，用过滤网将茶叶滤出，冷却至常温。
4. 将提前准备好的黑珍珠粉圆、黑糖糖浆和盐放入杯中，然后在杯子内壁涂抹一层黑糖糖浆。
5. 在杯子中加满冰块，倒入冰牛奶。
6. 将冷却好的茶缓慢倒入杯中。

小贴士／ 选购黑糖糖浆

黑糖糖浆也可以直接使用在市面上能够购买到的成品。选择黑糖糖浆时，比起颜色，更需要注意黑糖的含量，黑糖的含量越高，饮料的味道越好。如果只是想增添少许黑糖的风味，也可以使用由黑砂糖制成的糖浆。

VARIATION MILK TEA

Base

阿萨姆红茶

冷饮

巧克力黑珍珠奶茶

这是一款满含着浓郁巧克力香气的奶茶饮品。只需一杯，便能同时品尝到冰巧克力和珍珠奶茶，巧克力的微苦搭配红茶，相得益彰。

配方

基本茶	阿萨姆红茶6克（茶包3个）、水150毫升、冰块
乳制品	牛奶100毫升
甜味调料	黑巧克力酱30毫升（做法参见241页）、热巧克力粉1小勺、无糖可可粉1/2小勺、盐1小撮
装饰配料	黑珍珠粉圆30克（做法参见245页）

制作方法

1. 向牛奶锅中倒入150毫升水，煮至100℃。
2. 水沸腾后，放入阿萨姆红茶，大火烧煮。
3. 茶煮得足够浓后关火，用过滤网将茶叶滤出。
4. 取泡好的茶60毫升，加入黑巧克力酱、热巧克力粉、无糖可可粉、盐，搅拌均匀后冷却至常温。
5. 在杯子中加入提前准备好的黑珍珠粉圆并盛满冰块，然后将剩下的茶和冰牛奶倒入。
6. 最后将4缓慢倒入杯中即可。

小贴士 / 无糖可可粉是关键

本款奶茶中，可可的浓郁程度决定了奶茶成品的质量。因此要尽量选用高质量的无糖可可粉，推荐使用产自比利时的无糖可可粉。

VARIATION MILK TEA

Base

阿萨姆CTC

冷饮

香草奶昔

这是一款在浓郁的奶茶中加入香草冰淇淋制作而成的奶昔。如果你喜欢口感醇厚的，那么这款奶昔一定适合你。通过调整冰淇淋和冰块的用量比例可以改变奶昔成品的甜度，适量的冰块还可以提升奶昔的口感。

配方

基本茶	阿萨姆CTC 6克、水150毫升
乳制品	牛奶80毫升、香草冰淇淋3球（160~175克）
甜味调料	白砂糖2小勺、掼奶油（根据个人喜好决定用量）
装饰配料	七彩糖针少许

制作方法

1. 向牛奶锅中倒入150毫升水，煮至100℃。
2. 水沸腾后，放入阿萨姆CTC，大火烧煮。
3. 茶煮得足够浓后关火，用过滤网将茶叶滤出，冷却至常温。
4. 将冷却好的茶倒入杯中。
5. 将牛奶和香草冰淇淋倒入搅拌机，充分搅拌后，倒入4中。
6. 根据个人喜好加入适量掼奶油，最后撒上七彩糖针即可。

小贴士ノ 红茶和冰淇淋的不同搭配

这款奶昔可以做出很多种变化。除了上述原料之外，可以根据自己的喜好选择不同的红茶和冰淇淋尝试各种搭配，也许会有意外的惊喜哟！

VARIATION MILK TEA

Base

早餐茶+阿萨姆CTC

热饮 & 冷饮

麦片奶茶

这是一款在牛奶中添加香气和口味制作而成的风味奶茶。用泡过麦片的牛奶来制作奶茶，可以同时感受红茶的微苦、牛奶的柔和口感和玉米的香味。麦片牛奶与枫糖加香红茶搭配起来也很合适，在热饮中加入少许的黄油则能让奶茶更加浓郁。

配方

基本茶　早餐茶2克（茶包1个）、阿萨姆CTC 4克
热饮 水300毫升；冷饮 水150毫升+冰块

乳制品　麦片牛奶（牛奶175毫升、玉米麦片1杯）

甜味调料　炼乳20毫升、盐1小撮

装饰配料　冷饮 玉米麦片少许

制作方法

热饮

1. 向牛奶锅中倒入300毫升水，煮至100℃。
2. 水沸腾后，放入早餐茶和阿萨姆CTC，大火烧煮。
3. 另取一碗，放入麦片和牛奶，麦片泡软后，仅将牛奶留下待用。
4. 茶煮得足够浓后关火，将过滤网放在马克杯上滤出茶叶，茶水倒入杯中，再加入炼乳和盐，搅拌均匀。
5. 将3加热，用打泡器打出奶泡。
6. 最后将奶泡倒入4即可。

冷饮

1. 向牛奶锅中倒入150毫升水，煮至100℃。
2. 水沸腾后，放入早餐茶和阿萨姆CTC，大火烧煮。
3. 茶煮得足够浓后关火，用过滤网将茶叶滤出，冷却至常温。
4. 另取一碗，放入麦片和牛奶，麦片泡软后，仅将牛奶留下待用。
5. 在4中加入炼乳和盐，用打泡器打出奶泡。
6. 在杯子中加满冰块，然后倒入奶泡。
7. 将3小心倒入，最后放上麦片装饰即可。

VARIATION
MILK TEA
Base
锡兰红茶

热饮 & 冷饮

提拉米苏奶茶

本款奶茶使用意大利亚的代表甜点提拉米苏作为原料。提拉米苏有“带来幸福”“使人愉悦”的含义，只要吃上一口，便能感受到。斯里兰卡的锡兰红茶和以马斯卡彭芝士为原料的提拉米苏奶油能够为你带来意想不到的味道。

配方

基本茶　锡兰红茶6克（茶包3个）
热饮 水200毫升；冷饮 水150毫升+冰块

乳制品　牛奶100毫升、炼乳10毫升

甜味调料　糖浆15毫升、盐1小撮、提拉米苏奶油75毫升（做法参见244页）

装饰配料　无糖可可粉1小勺、食用金粉少许

制作方法

热饮

1. 向牛奶锅中倒入200毫升水，煮至100℃。
2. 水沸腾后，放入锡兰红茶，大火烧煮。
3. 茶煮得足够浓后关火，倒入杯子中，用过滤网将茶叶滤出。
4. 在3中加入炼乳、糖浆和盐，充分搅拌。
5. 将牛奶加热至适当温度后倒入杯子中。
6. 加入提拉米苏奶油，并撒上可可粉，最后撒上食用金粉作装饰即可。

冷饮

1. 向牛奶锅中倒入150毫升水，煮至100℃。
2. 水沸腾后，放入锡兰红茶，大火烧煮。
3. 茶煮得足够浓后关火，用过滤网将茶叶滤出，冷却至常温。
4. 在杯子里加入炼乳、糖浆和盐，然后将冷却好的茶倒入并搅拌均匀。
5. 加满冰块并倒入冰牛奶。
6. 加入提拉米苏奶油，并撒上可可粉，最后撒上食用金粉作装饰即可。

VARIATION MILK TEA

Base

早餐茶+阿萨姆CTC

冷饮

百利甜鸡尾酒奶茶

这是一款使用百利甜酒制成的鸡尾酒类奶茶。百利甜酒是世界上第一款奶油利口酒，加入了爱尔兰威士忌、爱尔兰奶油和比利时巧克力。虽然在奶茶中加入了酒，但因为混合了牛奶和红茶，品尝起来更接近于饮料。强烈推荐给偏爱特殊风味的奶茶爱好者。

配方

基本茶	早餐茶4克（茶包2个）、阿萨姆CTC 2克、水150毫升、冰块
乳制品	牛奶70毫升
甜味调料	糖浆15毫升、百利甜酒30毫升

制作方法

1. 向牛奶锅中倒入150毫升水，煮至100℃。
2. 水沸腾后，放入早餐茶和阿萨姆CTC，大火烧煮。
3. 茶煮得足够浓后关火，用过滤网将茶叶滤出，冷却至常温。
4. 将糖浆和冷却好的茶倒入杯子里充分搅拌，然后加满冰块。
5. 最后倒入百利甜酒和冰牛奶即可。

小贴士ノ 另类风格的鸡尾酒奶茶

如果想要尝试酒精度数较高的鸡尾酒奶茶饮品，也可以加入一些伏特加酒。若直接使用伏特加酒来泡茶，则可以制作出高酒精度的鸡尾酒奶茶。

VARIATION
MILK TEA
Base
阿萨姆CTC+绿色小豆蔻

热饮

杏仁奶茶

这是一款被称为“Badam Tea”的印度式杏仁奶茶。在印度，家家户户都有只属于自家的杏仁奶茶配方。炒杏仁的醇香搭配上香料隐隐散发出的辛香，一起来品尝这款口味独特的奶茶吧！

配方

基本茶	阿萨姆CTC 6克、水150毫升、绿色小豆蔻1粒
乳制品	牛奶150毫升
甜味调料	白砂糖2小勺
装饰配料	杏仁10粒、杏仁片少许

制作方法

1. 向牛奶锅中倒入150毫升水，煮至100℃。
2. 水沸腾后，放入阿萨姆CTC，大火烧煮。
3. 茶煮得足够浓后，在2中加入牛奶、绿色小豆蔻和白砂糖。
4. 牛奶煮沸后关火，倒入马克杯中，杯子上放过滤网，滤出茶叶和香料。
5. 将杏仁拍碎，放入锅中炒香。
6. 将炒过的杏仁碎放入4中，最后撒上杏仁片作点缀。

小贴士ノ 用黄油炒杏仁

炒杏仁时加入少许黄油，能够让坚果更加醇香。在印度，也会加入杏仁粉来制作奶茶，可以根据个人喜好选择。

VARIATION MILK TEA

Base

早餐茶+薄荷

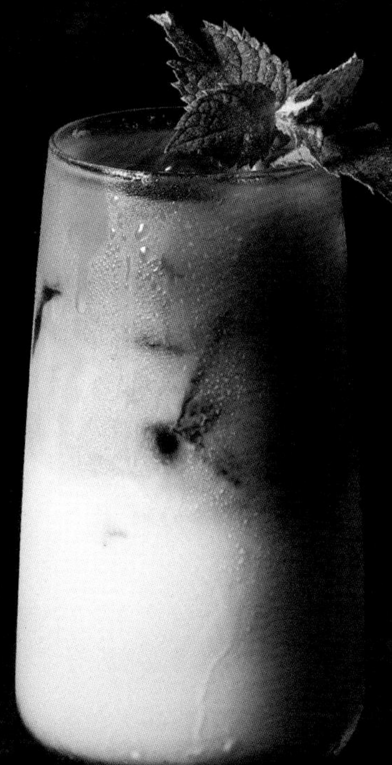

冷饮

古巴奶茶

这是一款散发着薄荷香气的莫吉托风味奶茶。清爽的薄荷叶和薄荷糖浆能为你打造出最适合炎炎夏日的冷饮。不同于浓郁型奶茶，这是一款清淡易饮的英式奶茶，如果再加入少许的朗姆酒就可以变身为一杯清爽的鸡尾酒饮品。

配方

基本茶	早餐茶6克（茶包3个）、水150毫升、冰块
乳制品	牛奶100毫升、炼乳15毫升
甜味调料	薄荷糖浆15毫升（做法参见237页）、薄荷叶7~8片
装饰配料	薄荷叶少许

制作方法

1. 向牛奶锅中倒入150毫升水，煮至100℃。
2. 水沸腾后，放入早餐茶，大火烧煮。
3. 茶煮得足够浓后关火，用过滤网将茶叶滤出，冷却至常温。
4. 在杯子中放入薄荷糖浆和薄荷叶，小心捣碎。
5. 在4中加满冰块，倒入冰牛奶和炼乳后搅拌。
6. 将冷却好的茶小心倒入，最后放上薄荷叶作点缀即可。

小贴士／ 可以添加胡椒薄荷茶进行调和

将胡椒薄荷茶和红茶混合使用的话，不添加薄荷糖浆便可轻松制作出古巴奶茶，可以选择Steven Smith Teamaker、Twinings、Harney & Sons、PUKKA等品牌的胡椒薄荷茶。

VARIATION MILK TEA

Base
早餐茶

冷饮

伯爵奶油奶茶

这是一款外形上与驭手咖啡颇为相似的奶茶。以曼斯纳（Mlesna）的奶油风味伯爵红茶为原料制作出奶油，盖于奶茶之上，再搭配冰的基本茶，为你带来另类的伯爵奶茶。

配方

基本茶	早餐茶4克（茶包2个）、沸水150毫升、冰块
乳制品	牛奶75毫升、伯爵奶油75毫升（做法参见242页）
甜味调料	糖浆15毫升
装饰配料	伯爵红茶少许

制作方法

1. 将热水倒入马克杯进行预热。
2. 将早餐茶放入预热好的马克杯，倒入150毫升沸水，冲泡5分钟。
3. 另取一个杯子，将糖浆倒入，加满冰块。
4. 在3上放过滤网，将泡好的茶倒入，滤出茶叶。
5. 加入冰牛奶，倒入伯爵奶油。
6. 在奶油上撒少许伯爵红茶作点缀。

小贴士╱ 变换奶油口味

市面上能够购买到的奶油风味伯爵红茶很有限，本书使用的是曼斯纳（Mlesna）的奶油风味伯爵红茶。如果你所在的地区购买比较困难，也可以使用其他你喜爱的红茶来制作奶油，制作方法与伯爵奶油相同。

VARIATION MILK TEA

Base

早餐茶+伯爵夫人红茶

冷饮

伯爵夫人冰块奶茶

使用浓泡而成的伯爵夫人红茶制成冰块，代替普通冰块加入奶茶中，味道更加浓郁。缓慢融化的冰块渐渐与其他材料融合，口味上的细微渐变尤其适合慢慢品尝。

配方

基本茶　早餐茶8克（茶包4个）、伯爵夫人红茶4克（茶包2个）、水400毫升
乳制品　牛奶200毫升
甜味调料　糖浆20毫升
装饰配料　柚子皮（2厘米×15厘米）

制作方法

1. 将热水倒入沏茶壶进行预热。
2. 将早餐茶和伯爵夫人红茶放入1，倒入沸水400毫升，冲泡5分钟。
3. 茶泡好后用过滤网滤去茶叶，倒入冰块模具。
4. 将冰块模具放入冰箱冷冻6~7个小时。
5. 将糖浆倒入杯子里，并加满4中的冰块。
6. 小心倒入牛奶，然后挤压柚子皮，将挤压出的香精油洒在杯口，最后放入柚子果皮作装饰。

小贴士／伯爵红茶的女士版本——伯爵夫人红茶

川宁（Twinings）推出的伯爵夫人红茶可以说是伯爵红茶的女士版本，和伯爵红茶相比，柑橘果香要更强烈一些。如果觉得香气不明显，可以在制作冰块时增加茶叶用量。另外，选用不同造型的冰块模具更能为奶茶增添外观上的变化。

VARIATION MILK TEA

Base

早餐茶+阿萨姆CTC

热饮&冷饮

花生酱焦糖奶茶

这款加入了花生酱和焦糖汁的美式风味奶茶，香甜顺口，风味绝佳。制作这款奶茶的关键在于要用温热的茶水将浓稠的花生酱完全溶开。如果想要尝试不同的口感，可以试试加入含有花生颗粒的花生酱，也可以直接将花生研磨后使用。

配方

基本茶　早餐茶2克（茶包1个）、阿萨姆CTC 4克
热饮 水200毫升；冷饮 水150毫升+冰块

乳制品　牛奶100毫升

甜味调料　焦糖酱15毫升、花生酱1小勺、盐1小撮

装饰配料　花生碎少许

制作方法

热饮

1. 向牛奶锅中倒入200毫升水，煮至100℃。
2. 水沸腾后，放入早餐茶和阿萨姆CTC，大火烧煮。
3. 茶煮得足够浓后关火，倒入杯子中，杯子上放过滤网，滤出茶叶。
4. 在3中加入花生酱、焦糖酱和盐，搅拌均匀。
5. 将牛奶加热到适当温度后倒入，最后撒上花生碎即可。

冷饮

1. 向牛奶锅中倒入150毫升水，煮至100℃。
2. 水沸腾后，放入早餐茶和阿萨姆CTC，大火烧煮。
3. 茶煮得足够浓后关火，用过滤网将茶叶滤出，倒出大约50毫升的茶水备用，余下的冷却至常温。
4. 在杯口涂上焦糖酱，然后将花生碎粘于焦糖汁上。
5. 将3中备用的50毫升茶倒入4中，加入花生酱、焦糖汁和盐，搅拌均匀。
6. 将余下的茶倒入，搅拌后加满冰块。
7. 最后将冰牛奶小心倒入即可。

PART 3

用绿茶制作奶茶

绿茶是所有类型的茶中历史最长的茶类，从很久以前就被人们用来和其他食材一起搭配冲泡饮用，或者直接将生茶叶用作食材烹饪食用。因此，绿茶和乳制品的搭配也并不会令人感到十分意外。绿茶根据制作工艺可以分为炒青绿茶和蒸青绿茶。炒青绿茶是以炒干的方式而制成的绿茶，蒸青绿茶是以蒸汽杀青的工艺而制成的。制作美味绿茶奶茶的关键就在于保留住不同绿茶种类各自的口味特点。

GREEN TEA + MILK

制作奶茶用的基本绿茶要沏泡5分钟

沏泡绿茶基本茶的时候，比起水的温度，时间长短更为重要。一般饮用的绿茶是用70~75℃的热水沏泡1~1.5分钟，而奶茶用绿茶需要用更高温度的水沏泡5分钟左右。只有这样，在与牛奶混合之后才能保留住绿茶的味道和香气。以韩国绿茶的标准来看，立夏到五月中旬采摘、叶形大小中等的“中雀”绿茶最适合用来制作奶茶。

绿茶叶或绿茶粉

如果喜欢绿茶的清爽香气，可以选用绿茶叶；而如果追求鲜明的颜色变化，则可以选用绿茶粉。以绿茶叶为原料的奶茶，颜色上与牛奶近似，但可以感受到宛如青草般的清香。绿茶粉根据原料绿茶叶的不同，口味和香气也各不相同。其中日本的抹茶最受欢迎，采用尽量降低光合作用的遮光栽培方式，颜色更加深沉，苦涩的味道更为突出。玄米绿茶等混合茶也常常被用来制作奶茶。

一杯奶茶用4~5克绿茶为宜

制作一杯绿茶奶茶最为合适的绿茶用量在4~5克。我们平时饮用的绿茶，沏泡一壶大约需要2克茶叶，与此相比，制作奶茶时绿茶的用量要高出2倍以上。如果使用绿茶包，则大约需要3个茶包。

适合绿茶奶茶的调和茶

绿茶的种类不如红茶多样，调和茶的组成也相对单纯。用于制作奶茶的调和绿茶，大多以绿茶叶和绿茶粉为基本原料，并搭配以花草茶和各类冲粉。

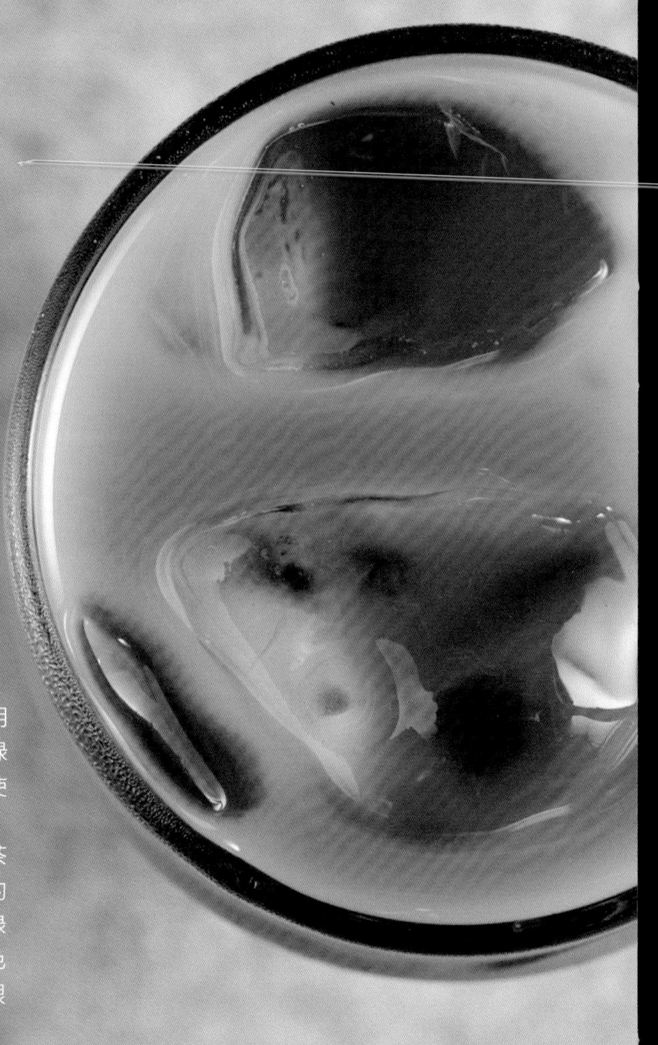

绿茶叶 + 绿茶粉

在用茶叶沏泡出的绿茶中加入绿茶粉，用这种方式调和出来的基本茶，因为两种类型绿茶的混合叠加，提升了茶的味道和香气，即使再加入牛奶，绿茶的风味也不会被遮盖住。制作绿茶奶茶时，用150毫升水沏泡4克绿茶叶，然后加入1~2小勺绿茶粉即可。绿茶粉的用量会决定奶茶成品的色泽，从淡绿色到深绿色，可以通过调整绿茶粉用量制作出不同颜色的奶茶。在用量上，没有绝对的标准，可以根据个人的喜好自行调整。

绿茶叶或绿茶粉 + 花草茶

将绿茶叶与花草茶混合，一起沏泡即可制成绿茶奶茶的基本茶。绿茶的清香和花草茶的芳香融合在一起能够带来完全不一样的风味。需要注意的是，绿茶的比例要高于花草茶，这样才能保留住绿茶的味道和香气。绿茶粉和花草茶混合时，将绿茶粉加入沏泡好的花草茶中即可。花草茶的香味和绿茶粉的浓厚感都能得到保留。

绿茶粉 + 冲粉

绿茶粉与冲粉搭配使用，无须沏泡，只需加入水或牛奶充分搅拌即可。禅食粉、杂粮粉等用谷物研磨而成的冲粉非常适合与绿茶粉搭配，谷物冲粉的醇厚浓香能够填补绿茶粉中稍有欠缺的香气。混合时，冲粉的用量最好不要超过20%，这样才不会影响绿茶的味道。

适合绿茶奶茶的配料

最常见的配料有水果、坚果、谷物等。和所有奶茶搭配起来都十分合适的巧克力、焦糖、香草是基本配料，再以柚子、草莓、花草等特色配料为衬托，就可以制作出各式各样的绿茶奶茶了。

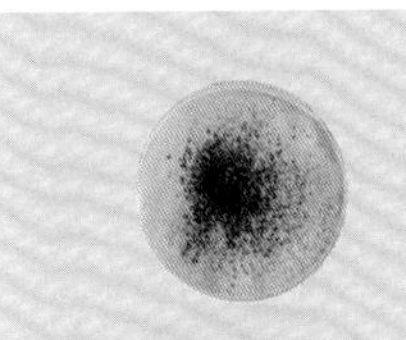

黑巧克力

绿茶和黑巧克力的苦涩味道可以很完美地搭配在一起。一般会使用巧克力酱产品，也可以将调温巧克力熔化后使用。

桔梗

桔梗清肺利咽，一般会将用于泡水喝的桔梗酱作为奶茶配料。在绿茶奶茶中加入少许桔梗酱，能够调出甘冽的口味，让人联想到传统茶饮。

香草

香草能够让绿茶奶茶更加香甜可口，而且不会遮盖住其他材料的味道。绿茶和香草的搭配，能让奶茶的香味更加丰满。

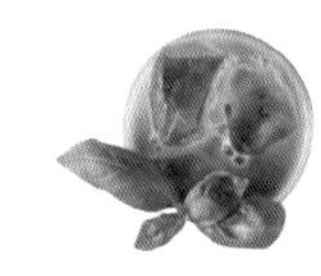

花草

花草的香气和绿茶十分相称。加入花草的叶子和花朵，能为绿茶的单一香味带来丰富的变化，让绿茶奶茶的种类更加多样，还能在外观上增添不少色彩。

绿色珍珠粉圆

如果厌倦了千篇一律的黑色珍珠粉圆，可以尝试加入颜色各异的珍珠配料。绿色珍珠粉圆可以成为绿茶奶茶饮品的点缀，突出绿茶奶茶的特色。

水果

在奶茶中加入水果时，水果中的有机酸会使牛奶中的蛋白质发生分离，产生凝结现象。因此，可以使用泡水用的果酱或腌制水果，其中的大量糖分可以防止蛋白质的分离。芒果、柚子、草莓、蓝莓、树莓等水果都十分适合与绿茶搭配。

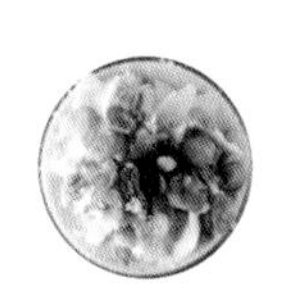

植物奶

在绿茶粉饮品中加入植物奶，可以弥补绿茶粉相较于绿茶叶稍显欠缺的醇香。可以使用研磨成粉的产品或豆奶、杏仁奶、燕麦奶、椰奶等液态产品。

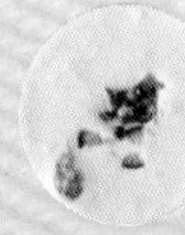

坚果

醇香的坚果也能够弥补绿茶粉味道上的不足。栗子、榛子、花生等都很适合与味道纯粹的绿茶搭配。可以将研磨好的粉状产品加入基本茶混合饮用，也可以将坚果作为装饰配料直接使用。

CLASSIC MILK TEA

Base 绿茶+薰衣草

冷饮

薰衣草绿茶奶茶

这是一款在绿茶叶中加入薰衣草，融合了绿茶和花草茶的调和饮品，只需一口就能感受到满满的薰衣草香气和绿茶的清爽醇香。薰衣草的香气十分强烈，因此加入少量即可。

配方

基本茶	绿茶4克（茶包3个）、薰衣草1/4小勺、沸水150毫升、冰块
乳制品	牛奶100毫升
甜味调料	糖浆15毫升
装饰配料	薰衣草1小撮

制作方法

1. 将绿茶和薰衣草混合。
2. 将混合了薰衣草的绿茶放入茶壶，倒入150毫升沸水，冲泡5分钟。
3. 茶泡好后，用过滤网将茶叶和花草滤出，冷却至常温。
4. 将糖浆和冷却好的茶倒入杯子中，充分搅拌后加满冰块。
5. 最后倒入冰牛奶，撒上薰衣草作为装饰。

小贴士／ **加入蝶豆花，增添别样的色彩**

如果想给奶茶增添一些色彩，可以试试加入紫色的蝶豆花。蝶豆花的香气不算特别强烈，因此稍微增加用量也不会影响奶茶的口味。混合了蝶豆花的奶茶会呈现出迷人的天蓝色。

CLASSIC MILK TEA

Base 玄米绿茶

热饮&冷饮

玄米绿茶奶茶

玄米绿茶是在绿茶中混合了烘焙过的玄米。日本的玄米茶中绿茶的比例较高，而韩国的玄米绿茶中玄米的比例更高，因此使用韩国的玄米绿茶时，需要另外添加1~2克的绿茶。一起来享受绿茶和玄米的浓郁醇香吧！

配方

基本茶　玄米绿茶4克（茶包3个）

热饮 沸水200毫升；冷饮 沸水150毫升+冰块

乳制品　牛奶60毫升

甜味调料　糖浆10毫升

装饰配料　热饮 玄米脆少许

制作方法

热饮

1. 将热水倒入茶壶和茶杯进行预热。
2. 将玄米绿茶放入茶壶，倒入200毫升沸水，冲泡5分钟。
3. 茶泡好后，用过滤网将茶叶滤出。
4. 将牛奶加热到适当温度。
5. 向预热好的茶杯中倒入糖浆，然后将泡好的茶一并倒入。
6. 最后倒入加热好的牛奶，并撒上玄米脆即可。

冷饮

1. 将玄米绿茶放入茶壶，倒入150毫升沸水，冲泡5分钟。
2. 茶泡好后，用过滤网将茶叶滤出，冷却至常温。
3. 将糖浆倒入茶杯，并加满冰块。
4. 倒入冷却好的茶，搅拌均匀。
5. 最后倒入冰牛奶即可。

CLASSIC MILK TEA

Base 绿茶+桔梗干

热饮

桔梗绿茶奶茶

这是一款使用桔梗干和桔梗酱制作而成的绿茶奶茶，风味别具一格。隐隐的桔梗香和绿茶香十分相称，奶茶成品的颜色与红茶奶茶相似，但味道却是属于绿茶的清爽醇香。

配方

基本茶	绿茶3克、桔梗干3克、沸水200毫升
乳制品	牛奶60毫升
甜味调料	糖浆10毫升、泡水用桔梗酱10毫升
装饰配料	桔梗干少许

制作方法

1. 将热水倒入茶壶和茶杯进行预热。
2. 将绿茶和桔梗干混合后放入茶壶，倒入200毫升沸水，冲泡5分钟。
3. 茶泡好后，用过滤网将茶叶和桔梗干滤出。
4. 将牛奶加热到适当温度。
5. 将糖浆和桔梗酱倒入预热好的茶杯中。
6. 将泡好的绿茶也一并倒入茶杯，搅拌均匀。
7. 最后倒入加热好的牛奶，再放上桔梗干即可。

小贴士ノ 桔梗干要切碎

在绿茶中混入干植物时，需将其切碎使用，这样它的香气和味道才能在沏泡过程中更好地融入水中。如果没有桔梗酱，可以增加桔梗干的用量来弥补。

CLASSIC MILK TEA

Base 摩洛哥薄荷茶

热饮

摩洛哥薄荷绿茶奶茶

摩洛哥薄荷茶是按照摩洛哥人的饮茶方式，将薄荷叶与绿茶叶混合而成。绿茶的醇香搭配薄荷的清凉感，让人多饮而不腻。再加入牛奶和糖浆，制成奶茶也十分美味。在奶茶成品上放置一片薄荷叶，让你在享受奶茶的过程中也能一直感受到薄荷带来的清凉气息。

配方

基本茶	摩洛哥薄荷茶3克、沸水200毫升
乳制品	牛奶100毫升
甜味调料	糖浆10毫升
装饰配料	薄荷叶1片

制作方法

1. 将热水倒入茶壶和茶杯进行预热。
2. 将摩洛哥薄荷茶放入茶壶，倒入200毫升沸水，沏泡5分钟。
3. 茶泡好后，用过滤网将茶叶滤出。
4. 将牛奶加热到适当温度，并用打泡器打出奶泡。
5. 将糖浆和泡好的茶倒入预热好的茶杯中，并搅拌均匀。
6. 最后倒入奶泡并放上薄荷叶作点缀。

小贴士 / 可以直接在绿茶中加入薄荷

如果买不到摩洛哥薄荷茶，可以直接在绿茶中加入胡椒薄荷来代替，每2克绿茶中混合1/4小勺的胡椒薄荷即可。

CLASSIC MILK TEA

Base 茉莉花茶

热饮＆冷饮

香草茉莉奶茶

这是一款融合了香草糖浆和茉莉花香的绿茶奶茶饮品。中国有名的花茶——茉莉花茶，是使绿茶叶吸收了茉莉花香而制成的茶叶。绿茶中散发出的茉莉花香十分迷人，加上香草糖浆，更增添了甜美的味道。如果没有香草糖浆，也可以用香草精来代替。

配方

基本茶　茉莉花茶3克
热饮 沸水200克；冷饮 沸水150克+冰块
乳制品　牛奶60毫升
甜味调料　香草糖浆15毫升
装饰配料　茉莉花少许

制作方法

热饮
1. 将热水倒入茶壶和茶杯进行预热。
2. 将茉莉花茶放入茶壶，倒入200毫升沸水，冲泡5分钟。
3. 茶泡好后用过滤网将茶叶滤出。
4. 将牛奶加热到适当温度，并用打泡器打出奶泡。
5. 将香草糖浆和奶泡倒入预热好的茶杯中，并搅拌均匀。
6. 最后倒入泡好的绿茶，并放上茉莉花装饰即可。

冷饮
1. 将茉莉花茶放入茶壶，倒入150毫升沸水，冲泡5分钟。
2. 茶泡好后，用过滤网将茶叶滤出，冷却至常温。
3. 将香草糖浆和泡好的绿茶倒入茶杯，搅拌均匀。
4. 加满冰块并倒入冰牛奶。
5. 最后撒上茉莉花作点缀。

CLASSIC MILK TEA

Base 绿茶粉

冷饮

柚子绿茶奶昔

这款奶昔中清香的柚子与绿茶完美融合，再加上牛奶的柔和口感，就如同在品尝“柚子牛奶”一般。除了柚子果泥之外，用其他水果的果泥作为配料制作出的奶昔同样风味绝佳。

配方

基本茶	绿茶粉2小勺、水50毫升、冰块
乳制品	牛奶50毫升
甜味调料	柚子果泥30毫升、糖浆10毫升

制作方法

1. 将绿茶粉和50毫升水放入茶碗，搅拌溶开。
2. 将柚子果泥、牛奶和糖浆倒入搅拌机，充分搅拌。
3. 在杯子中加满冰块，倒入2中的柚子牛奶。
4. 如果想制作分层奶茶，可以略过搅拌步骤，按照柚子果泥 → 糖浆 → 牛奶的顺序依次倒入。
5. 将溶开的绿茶小心倒入牛奶上层。

小贴士／ 可以用柚子茶代替柚子果泥

如果没有柚子果泥，也可以使用柚子茶。使用柚子茶时，需要注意用量，如果加入过多，可能会导致牛奶凝结。如果喜甜，可以另外添加糖浆以增加甜度。

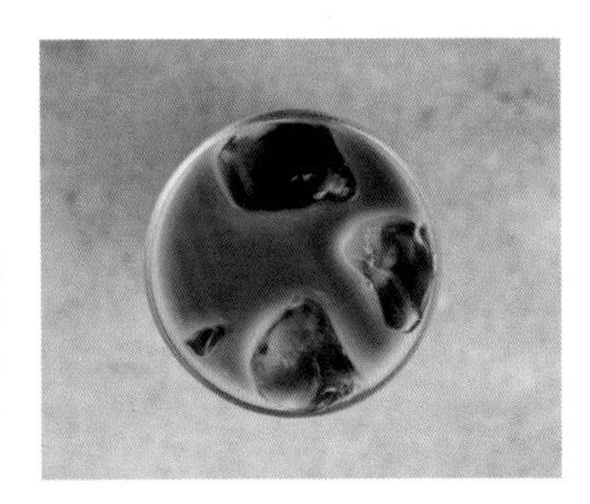

CLASSIC MILK TEA

Base 绿茶

冷饮

奶白绿茶奶茶

这款饮品外观上同牛奶相似，喝一口却能品尝到绿茶的清香。用绿茶叶冲泡出基本茶，再用绿茶粉作装饰，为奶茶成品的颜值锦上添花。

配方

基本茶	绿茶4克（茶包3个）、沸水150毫升、冰块
乳制品	牛奶100毫升、炼乳15毫升
甜味调料	盐1小撮
装饰配料	绿茶粉少许

制作方法

1. 将热水倒入茶壶进行预热。
2. 将绿茶放入1，倒入150毫升沸水，冲泡5分钟。
3. 茶泡好后，用过滤网将茶叶滤出，冷却至常温。
4. 在杯子外壁撒上绿茶粉作为装饰。
5. 将冰牛奶、炼乳和盐倒入杯中，搅拌均匀。
6. 加满冰块，倒入冷却好的绿茶。

小贴士／ 选择香气和风味更强烈的绿茶叶

选用绿茶叶时，应尽量避免使用谷雨前采制、用细嫩芽尖制成的雨前茶。当以五月以后采摘、叶形中等偏大的绿茶叶为宜，因为其口味和香气都相对更为强烈，适合用来制作奶茶。

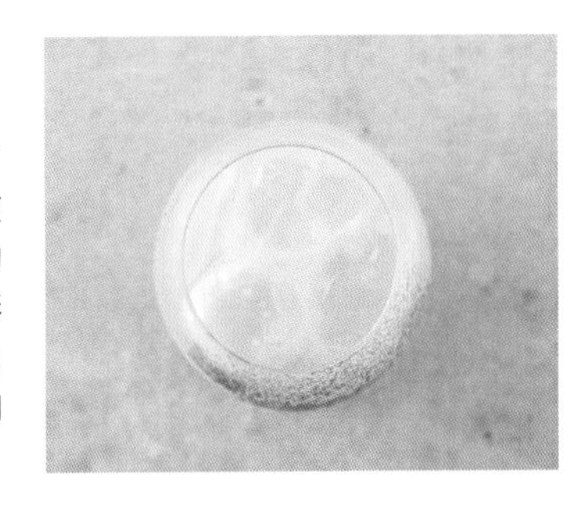

CLASSIC MILK TEA

Base 绿茶

冷饮

迷迭香绿茶奶茶

迷迭香和绿茶的搭配为你带来仿佛置身于森林般的清甜香气和新鲜清爽的青草气息，再加上牛奶的柔和口感，风味绝佳。迷迭香能够镇静安神，适合在任何时候饮用。

配方

基本茶	绿茶4克（茶包3个）、沸水150毫升、冰块
乳制品	牛奶100毫升
甜味调料	迷迭香糖浆15毫升、迷迭香15厘米
装饰配料	迷迭香1根

制作方法

1. 将绿茶放入茶壶，倒入150毫升沸水，冲泡5分钟。
2. 茶泡好后，用过滤网将茶叶滤出，冷却至常温。
3. 将迷迭香糖浆和迷迭香放入杯中捣碎。
4. 将冰牛奶也倒入杯中，搅拌均匀后加满冰块。
5. 倒入冷却好的绿茶，最后放上装饰用的迷迭香即可。

小贴士 **如果不喜甜，可以使用迷迭香花草茶**

如果不喜欢甜饮，则可以省去迷迭香糖浆，在绿茶中混合迷迭香花草茶一起沏泡即可。需要注意的是，迷迭香花茶的比例应小于绿茶比例，以防绿茶的风味被遮盖。

CLASSIC MILK TEA

Base 绿茶粉

冷饮

椰子绿茶奶茶

这款饮品中醇厚的椰子奶油与绿茶、牛奶完美相融。与椰奶不同，椰子奶油中含有少量的甜味调料，能够为奶茶增添甜蜜口味。如果想要演绎出更鲜明的色彩，可以用颜色更深的抹茶代替绿茶粉。

配方

基本茶	绿茶粉2小勺、水50毫升、冰块
乳制品	牛奶150毫升
甜味调料	椰子奶油1大勺、糖浆10毫升
装饰配料	椰子粉少许

制作方法

1. 将绿茶粉和50毫升水放入茶碗，搅拌溶开。
2. 在杯口处涂上少许糖浆并在糖浆表面沾上椰子粉。
3. 将椰子奶油、冰牛奶、糖浆倒入杯子中，搅拌均匀，需小心操作防止2脱落。
4. 在杯子中加满冰块。
5. 将溶开的绿茶小心倒入牛奶上层。

小贴士／ 可以用椰奶代替椰子奶油

如果没有椰子奶油，也可以使用椰奶。只要能够调出足够的椰子香，即可根据个人的喜好随意选择。但是椰奶中不含甜味调料，因此可以相应地添加少许糖浆。

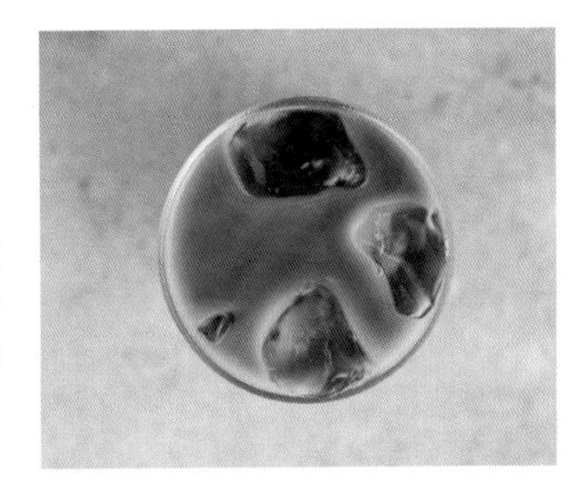

VARIATION MILK TEA

Base

绿茶粉

冷饮

草莓绿茶奶茶

这款奶茶可以使你同时品尝到草莓的清爽酸甜和绿茶的微苦醇香。制作时，按照草莓酱、牛奶、绿茶的顺序依次缓慢倒入杯中，便可以形成彩色的分层，三个层次三种颜色，带来一杯颜值超高的奶茶饮品。

配方

基本茶　绿茶粉2小勺、水50毫升、冰块
乳制品　牛奶100毫升
甜味调料　泡水用草莓酱30毫升

制作方法

1. 将绿茶粉和50毫升水放入茶碗，搅拌溶开。
2. 将泡水用草莓酱倒入杯中，加满冰块。
3. 小心倒入牛奶，尽量不要冲散草莓酱。
4. 将1小心倒入，在牛奶上方形成分层。

小贴士ノ **使用新鲜草莓或草莓果酱也同样美味**

如果没有泡水用的草莓酱，也可以用普通草莓酱来代替。在草莓收获的季节，还可以直接用新鲜草莓和糖浆混合制成果泥使用，新鲜草莓的果香更加沁人心脾。

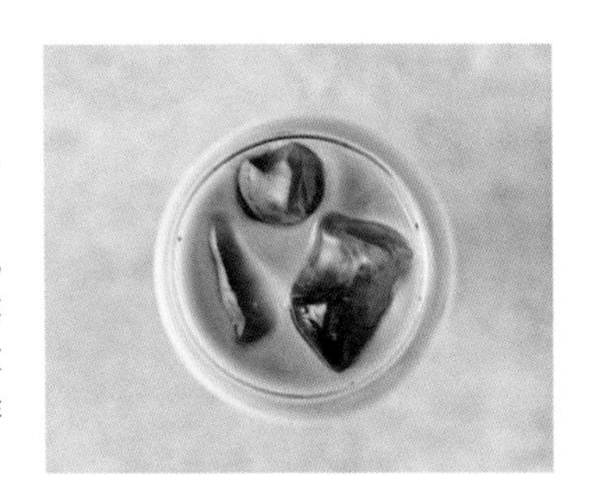

VARIATION MILK TEA

Base

绿茶粉+香草冰淇淋

冷饮

格兰诺拉白巧克力绿茶奶茶

白巧克力和绿茶是一对完美搭档。白巧克力的香气不是很强烈，与散发着隐隐醇香的绿茶搭配起来恰到好处。将两种原料放入搅拌机混合搅拌，便可制成果昔类型的奶茶。最后撒上格兰诺拉麦片，为单一的口感增添一些变化。

配方

基本茶　绿茶粉2小勺、香草冰淇淋2球、冰块100克

乳制品　牛奶100毫升

甜味调料　白巧克力酱20毫升（做法参见241页）、盐1小撮、掼奶油（鲜奶油60克、白砂糖2小勺）

装饰配料　格兰诺拉麦片2大勺

制作方法

1. 将牛奶、绿茶粉、香草冰淇淋、白巧克力酱、盐、冰块放入搅拌机。
2. 搅拌直至冰块全部搅碎。
3. 将鲜奶油和白砂糖放入搅拌盆，充分搅打，制成掼奶油。
4. 将搅拌均匀的2倒入杯子后，倒入掼奶油。
5. 最后撒上格兰诺拉麦片即可。

小贴士ノ　一杯奶茶大约需要100克冰块

制作奶茶时，需要注意冰块的用量。如果冰块量过多，奶茶成品会变得过稀，而如果冰块量过少，则做不出果昔的口感。一般来说，一杯300~400毫升的奶茶，冰块用量尽量不要超过100克。

VARIATION MILK TEA

Base

绿茶粉

冷饮

巧克力奶油芝士绿茶奶茶

利用奶油将绿茶和巧克力完美地搭配起来，在奶茶上盖一层巧克力奶油芝士泡沫，只需一口便仿佛同时将巧克力芝士蛋糕和绿茶奶茶喝入口中。直接用牛奶代替水来溶开绿茶粉，茶香更加浓郁，口感更加纯厚。巧克力奶油芝士泡沫不需要打得过于浓密，类似驭手咖啡的掼奶油浮盖即可。

配方

基本茶	绿茶粉2小勺、牛奶50毫升、冰块
乳制品	牛奶100毫升、巧克力奶油芝士75毫升
甜味调料	糖浆10毫升
装饰配料	巧克力粉

制作方法

1. 将绿茶粉、50毫升牛奶、糖浆放入茶碗，搅拌溶开。
2. 将充分溶开的1倒入杯子中。
3. 加满冰块，小心缓慢地倒入牛奶。
4. 在牛奶上方倒入事先准备好的巧克力奶油芝士泡沫。
5. 最后撒上巧克力粉即可。

+制作巧克力奶油芝士泡沫 75克/即做即食

配方：无糖巧克力粉1小勺、奶油芝士3克、鲜奶油60毫升、糖浆15毫升、盐1小撮

将所有材料放入搅拌盆，使用打泡器将材料混合搅拌至能够缓缓流动的黏稠程度即可。

VARIATION MILK TEA

Base

绿茶粉+罗勒

冷饮

罗勒绿茶奶茶

这是一款散发着罗勒香气的绿茶奶茶饮品。将罗勒、糖浆和炼乳混合起来搅碎加入奶茶，每一口都让你仿佛置身于罗勒丛中，被清香环绕。要使用中等大小的罗勒叶，让绿色的碎叶在奶白之间若隐若现，赏心悦目。

配方

基本茶　绿茶粉2小勺、水50毫升、冰块

乳制品　牛奶150毫升、炼乳10毫升

甜味调料　糖浆10毫升、罗勒叶3片

装饰配料　罗勒叶少许

制作方法

1. 将绿茶粉和50毫升水放入茶碗，搅拌溶开。
2. 将罗勒叶、糖浆和炼乳放入杯子中捣碎。
3. 在2中加满冰块，倒入冰牛奶，搅拌均匀。
4. 将溶开的绿茶小心缓慢地倒入3。
5. 最后放上罗勒叶装饰即可。

小贴士／ 罗勒叶只需要稍微捣碎即可

捣碎罗勒叶时需要注意控制力量。如果捣得过于细碎，奶茶成品看起来会很凌乱，不够美观，推荐使用中等大小的罗勒叶。

VARIATION
MILK TEA
Base
绿茶粉+谷物冲粉

热饮 & 冷饮

醇香绿茶奶茶

这是一款将谷物、豆奶和绿茶粉混合起来制成的另类奶茶饮品。除了豆奶以外，也可以使用杏仁奶、燕麦奶等其他植物奶。谷物冲粉的威力不可小觑，只需一小勺便能让你品尝到完全不同的风味。

配方

基本茶　绿茶粉2小勺、谷物冲粉1小勺

热饮 沸水50毫升；冷饮 沸水50毫升+冰块

乳制品　豆奶150毫升

甜味调料　糖浆15毫升

装饰配料　谷物冲粉少许

制作方法

热饮

1. 将绿茶粉、谷物冲粉和50毫升沸水放入茶碗，搅拌溶开。
2. 将糖浆和1倒入预热好的杯子中。
3. 将牛奶加热到适当温度。
4. 将加热好的牛奶小心缓慢地倒入2。
5. 最后撒上少许谷物冲粉即可。

冷饮

1. 将绿茶粉、谷物冲粉和50毫升沸水放入茶碗，搅拌溶开。
2. 将糖浆和1倒入杯子中。
3. 在杯子里加满冰块后小心缓慢地倒入冰牛奶即可。

VARIATION MILK TEA

Base
绿茶冰淇淋

冷饮

红豆绿茶奶昔

红豆和绿茶常被用作刨冰的原料，这两种材料也可以用来制作奶茶。在红豆沙上依次加入绿茶冰淇淋和掼奶油，则能够演绎出彩色分层。以冰淇淋作为原料制作奶茶时，需选用绿茶味道强烈浓郁的产品。饮用时仿佛在喝一杯绿茶刨冰！

配方

基本茶	绿茶冰淇淋3球（160~175克）
乳制品	牛奶80毫升
甜味调料	掼奶油（鲜奶油60毫升、白砂糖1小勺）
装饰配料	红豆沙1大勺、肉桂粉少许

制作方法

1. 将鲜奶油和白砂糖放入搅拌盆，混合搅拌至出现并能维持水波纹样，制成掼奶油 。
2. 将绿茶冰淇淋和牛奶放入搅拌机，充分搅拌打碎至奶昔形态。
3. 在杯子里放入一大勺事先准备好的红豆沙，然后倒入2中。
4. 将1中的掼奶油轻轻倒在饮品上，最后撒上肉桂粉即可。

+熬煮红豆沙 500克/冷藏保存/保质期1周

配方：红豆300克、水800毫升、白砂糖300克、盐1/2大勺、肉桂粉少许

1. 红豆泡水12个小时后，连水一起放入锅中煮40分钟。
2. 将煮好的红豆倒入平底锅，加入白砂糖、盐、肉桂粉，搅拌均匀，大火熬制8分钟。
3. 红豆的颜色变深后，将其冷却至常温，放入容器中，冷藏保存。

VARIATION MILK TEA

Base

绿茶粉

热饮&冷饮

蒙布朗绿茶奶茶

这是一款从装饰有栗子奶油的蒙布朗蛋糕得到灵感开发出的创意奶茶饮品。在绿茶奶茶上加入栗子奶油，增加了奶茶醇厚且香甜的口味。使用栗子酱或栗子糊即可轻松制作出栗子奶油。

配方

基本茶	绿茶粉2小勺。 热饮 沸水50毫升；冷饮 水50毫升+冰块
乳制品	牛奶100毫升
甜味调料	糖浆15毫升、栗子奶油90毫升
装饰配料	栗子碎（将1个煮好的栗子碾碎即可）

制作方法

热饮
1. 将绿茶粉和50毫升沸水放入茶碗，搅拌溶开。
2. 将牛奶加热到适当温度。
3. 茶杯预热好，倒入热牛奶和糖浆，搅拌均匀。
4. 将溶开的绿茶小心缓慢地倒入杯子，使其在牛奶上方形成分层。
5. 最后倒入栗子奶油并放上栗子碎即可。

冷饮
1. 将绿茶粉和50毫升水放入茶碗，搅拌溶开。
2. 将冰牛奶和糖浆倒入杯子里，搅拌均匀后加满冰块。
3. 将溶开的绿茶小心缓慢地倒入杯子，使其在牛奶上方形成分层。
4. 最后倒入栗子奶油并放上栗子碎即可。

+制作栗子奶油 90克 一杯基准/即做即食

配方：鲜奶油80毫升、栗子酱1.5小勺、肉桂粉1小撮

1. 将鲜奶油、栗子酱、肉桂粉放入搅拌盆。
2. 将材料混合搅拌至能够缓缓流动的黏稠程度即可。

VARIATION MILK TEA

Base
绿茶粉

冷饮

蜂蜜绿珍珠奶茶

绿色的珍珠粉圆与绿茶色泽一致，让绿茶奶茶的特质一目了然。自制蜂蜜糖浆的蜜香，更是与珍珠粉圆的筋道口感相得益彰。大胆尝试不同颜色的珍珠粉圆，能为奶茶增添新的色彩!

配方

基本茶	绿茶粉2小勺、水50毫升、冰块
乳制品	牛奶150毫升
甜味调料	蜂蜜糖浆60毫升
装饰配料	绿色珍珠粉圆30克（做法参见245页）

制作方法

1. 将绿茶粉和50毫升水放入茶碗，搅拌溶开。
2. 将事先准备好的绿色珍珠粉圆与蜂蜜糖浆混合均匀 。
3. 将2和冰牛奶倒入杯子中，搅拌均匀。
4. 杯子里加满冰块。
5. 将1小心缓慢地倒入，在牛奶上方形成分层。

+制作蜂蜜糖浆 200毫升/冷藏保存/保质期2周

配方：蜂蜜150毫升、沸水50毫升

1. 将蜂蜜和沸水放入锅中，让蜂蜜完全溶于水。
2. 冷却至常温后，倒入消毒洗净的瓶子中，冷藏保存。

VARIATION MILK TEA

Base

绿茶粉

冷饮

黑糖黑珍珠绿茶奶茶

这是一款以黑糖和珍珠粉圆为原料制成的人气奶茶。利用黑糖糖浆演绎出的虎纹外观有着十足的吸睛效果，制作时特别需要手速够快，才能保证涂抹在杯子内壁的黑糖糖浆不会脱落，形成漂亮的纹理。再加上绿茶粉的苦涩，口味上也独一无二。

配方

基本茶	绿茶粉2小勺、水50毫升、冰块
乳制品	牛奶150毫升
甜味调料	黑糖糖浆30毫升（做法参见240页）
装饰配料	黑珍珠粉圆30克（做法参见245页）

制作方法

1. 将绿茶粉和50毫升水放入茶碗，搅拌溶开。
2. 将黑糖糖浆和提前准备好的黑珍珠粉圆放入杯子中，搅拌均匀。
3. 在杯子内壁涂抹一层黑糖糖浆。
4. 加满冰块并倒入冰牛奶。
5. 最后将1小心缓慢地倒入即可。

小贴士ノ 使用有机原蔗糖制作黑糖糖浆

黑糖糖浆的制作方法并不复杂，在家即可完成。用未经过精炼的有机原蔗糖，便可以做出口感正宗的黑糖糖浆。

VARIATION MILK TEA

Base
绿茶粉

冷饮

香蕉黑珍珠绿茶奶茶

从韩国流行到海外的香蕉牛奶也是非常合适的奶茶原料。在基本茶中加入香蕉牛奶，便能做出独具特色的香蕉口味绿茶奶茶。只需一杯就能同时体验品尝到香蕉的香甜、绿茶的微苦和珍珠粉圆的筋道口感。

配方

基本茶　绿茶粉2小勺、水50毫升、冰块
乳制品　香蕉牛奶150毫升
装饰配料　黑珍珠粉圆30克（做法参见245页）

制作方法

1. 将绿茶粉和50毫升水放入茶碗，搅拌溶开。
2. 将提前准备好的黑珍珠粉圆放入杯子中，加满冰块。
3. 向杯子中倒入冰镇的香蕉牛奶。
4. 将1小心缓慢地倒入，在牛奶上方形成分层。

小贴士ノ 使用甜味牛奶饮料时无须添加糖浆

使用香蕉牛奶时，无须加入糖浆。市面上销售的牛奶饮料甜度较高，如果再加入糖浆，奶茶味道可能会过于甜腻。

VARIATION
MILK TEA

Base
绿茶粉

冷饮

芒果绿茶奶茶

这款奶茶最近在饮品店十分受欢迎。一杯酸甜口味的芒果绿茶奶茶，集合了芒果果泥的酸甜、绿茶的浓郁和牛奶的醇厚。再加上新鲜的小块芒果果肉，则香甜之感更为突出，也可以使用切碎的芒果干来代替。

配方

基本茶　绿茶粉2小勺、水50毫升、冰块

乳制品　牛奶150毫升

甜味调料　芒果果泥（芒果1/2个、糖浆20毫升）

装饰配料　芒果少许

制作方法

1. 将绿茶粉和50毫升水放入茶碗，搅拌溶开。
2. 将半个芒果和糖浆放入搅拌盆，捣碎做成芒果果泥。
3. 将芒果果泥放入杯子后，加满冰块。
4. 倒入冰牛奶，然后将1小心缓慢地倒入，在牛奶上方形成分层。
5. 将装饰用芒果切成小块，放上作点缀。

小贴士／ 可以选用芒果原浆

制作芒果果泥时，使用新鲜芒果最为合适。如果买不到新鲜芒果，也可以使用POMONA、SAMI BEVERCITY、LONDON BRIX等品牌的芒果原浆。

VARIATION MILK TEA

Base

绿茶粉

冷饮

蓝莓绿茶奶茶

使用全球十大超级食物之一的蓝莓可制成独具特色的蓝莓风味糖浆。只需将冷冻蓝莓和糖浆混合捣碎即可。如果想在外观上增加一些变化，则可以不将蓝莓捣碎，保留完整的形态，像珍珠粉圆一样使其沉于饮料底部。

配方

基本茶	绿茶粉2小勺、水50毫升、冰块
乳制品	牛奶150毫升
甜味调料	冷冻蓝莓10颗、蓝莓糖浆15毫升（做法参见239页）
装饰配料	冷冻蓝莓5颗

制作方法

1. 将绿茶粉和50毫升水放入茶碗，搅拌溶开。
2. 将10颗冷冻蓝莓和蓝莓糖浆放入杯子中捣碎。
3. 在杯子中加满冰块，然后倒入冰牛奶。
4. 将1小心缓慢地倒入，在牛奶上方形成分层。
5. 最后用蓝莓作点缀。

小贴士 / 使用冷冻蓝莓，果香更加浓郁

最好使用冷冻蓝莓，因为冷冻蓝莓的香气比新鲜蓝莓更加强烈，颜色也是更深一些的暗紫色，作为饮品的原料更为合适。

VARIATION MILK TEA

Base

绿茶粉

冷饮

绿茶酸奶珍珠果昔

这是一款不直接使用原味酸奶，而是以酸奶粉作为原料，将绿茶、牛奶、酸奶粉和冰块一并混合搅碎，制成浓稠果昔口感的饮品。酸奶和绿茶乍一看似乎并不适合搭配在一起，但意外地能够碰撞出有趣而又独特的美妙口味。

配方

基本茶　绿茶粉2小勺、冰块150克

乳制品　牛奶200毫升、掼奶油少许

甜味调料　酸奶粉60克

装饰配料　黑珍珠粉圆20克（做法参见245页）

制作方法

1. 将牛奶、绿茶粉、酸奶粉和冰块放入搅拌机。
2. 搅拌直至冰块完全被打碎，做出果昔的质感。
3. 向杯子中倒入少量掼奶油，然后再倒入少量2中的果昔。
4. 重复步骤3，反复加入掼奶油和果昔。
5. 最后将黑珍珠粉圆放上装饰即可。

小贴士／ 掼奶油和果昔层层反复

本款饮品的重点就在于掼奶油和果昔要一层一层轮流倒入。倒入时，就像是先将掼奶油贴于杯子内侧，然后用果昔填补上空缺一般，这样一层层倒入后，就能演绎出浮云般的梦幻外观。

VARIATION MILK TEA

Base
绿茶粉

冷饮

紫薯绿茶奶茶

紫薯和绿茶的颜色搭配十分新颖。将含有糖分的紫薯粉和牛奶混合，便可以作为糖浆来使用。再将牛奶和绿茶分别倒入，则可以形成紫色、白色、绿色的三色分层。

配方

基本茶	绿茶粉2小勺、水50毫升、冰块
乳制品	牛奶150毫升
甜味调料	紫薯粉40克

制作方法

1. 将绿茶粉和50毫升水放入茶碗，搅拌溶开。
2. 将紫薯粉和少量牛奶放入杯子中，混合均匀。
3. 在杯子中加满冰块，然后小心缓慢地倒入冰牛奶。
4. 最后将1小心缓慢地倒入，形成三种颜色的分层。

小贴士ノ 直接使用煮熟的紫薯

如果没有紫薯粉，可以直接将紫薯煮熟后使用。将紫薯煮熟后，与牛奶和糖浆一起加入搅拌机打碎混合即可。比起紫薯粉，这样做出来的奶茶味道和香气更加浓郁。

VARIATION
MILK TEA
Base
绿茶粉+柠檬草

冷饮

柠檬草冰球绿茶奶茶

这是一款将绿茶粉溶在花草茶中制成冰块，然后以其作为主要原料制成的奶茶饮品。在柠檬草茶中加入绿茶粉后制成的冰块会散发出淡淡的柠檬香和青草香。饮用时，柠檬的清香和绿茶的醇香会随着冰块的融化愈发浓郁。

配方

基本茶	绿茶粉3小勺、柠檬草2小勺、沸水300毫升
乳制品	牛奶150毫升
甜味调料	糖浆10毫升
装饰配料	新鲜柠檬草切片1/3根

制作方法

1. 向茶壶中倒入热水进行预热。
2. 将柠檬草放入预热好的茶壶中，倒入沸水300毫升，沏泡5分钟。
3. 将绿茶粉和2中泡好的柠檬草茶倒入茶碗中，搅拌溶开。
4. 将3倒入冰块模具，放入冰箱冰冻6~7个小时。
5. 冰块冻结实后，和糖浆一起倒入杯子里。
6. 最后倒入牛奶，并放上柠檬草切片作点缀。

小贴士ノ 也可以使用干柠檬草

如果没有新鲜柠檬草，可以用干柠檬草来代替。不过柠檬草特有的水果香气在干燥过程中会有所减少，因此在条件允许的情况下，还是推荐使用新鲜柠檬草。

PART 4

用乌龙茶和黑茶制作奶茶

随着茶的消费量日趋增加，对于特色茶的需求量也越来越大。世界六大茶类中的乌龙茶和黑茶（普洱茶）最具代表性。使用六大茶类中香气最为浓郁的乌龙茶和完全另类且极具特色的黑茶（普洱茶）可以制作出别具一格的奶茶饮品。现在就随我们一起去品尝品尝用乌龙茶和黑茶制作出的特色奶茶吧！

茶香天堂——乌龙茶

乌龙茶的发酵程度从15%到75%不等，范围很广，因此乌龙茶的香气也各不相同，有花香、蜜香、果香、醇香、岩香等，每种类型都有着各自与众不同的特色，非常适合用来作为特色奶茶的原料。乌龙茶根据茶香，可分为清香、浓香、花香、果香、蜜香等，其中发酵程度较低、散发着清新草香的清香乌龙和发酵程度较高、香气浓郁的浓香乌龙最适合作为奶茶的基本原料。如果想要制作出天蓝色、粉红色等特殊色泽的饮品，使用清香乌龙即可；如果更偏爱浓郁的香气和醇厚的口感，则推荐使用浓香乌龙。 制作一杯奶茶时，将5克乌龙茶沏泡5分钟以上即可。

柔和口感——黑茶（普洱茶）

黑茶经微生物发酵制成，又被称作后发酵茶，几乎没有发苦发涩的口感，取而代之的是类似于潮湿落叶、泥土味的陈香,这种香气在茶制成4~5年以后就会自然消失。与红茶、绿茶、乌龙茶不同，黑茶的收敛性较弱，因此能够使奶茶的口感更加柔和。作为奶茶基本茶，推荐使用浓泡而成的普洱熟茶或六堡茶。制作一杯奶茶时，将6克的黑茶沏泡5分钟以上即可。如果想要增加茶的味道，可以加入250毫升左右的水，而如果想要强调牛奶的口感，则可以将水的用量降低到150毫升以下。

适合乌龙茶和黑茶奶茶的调和茶

香气格外浓郁的乌龙茶主要作为纯茶来饮用，调和乌龙也主要以加香为主。相反，黑茶（普洱茶）经发酵而成，其所带有的陈香并不是所有人都喜欢，因此有很多不同的调和方式。

乌龙茶 + 干花

乌龙茶调和的最基本方式就是混合干花。玫瑰和桂花最常用，花草茶中的洋甘菊与薰衣草也常用来与乌龙调和。用干花与带有兰香的清香乌龙调和，能够制作出以花香为主要基调的基本茶。而如果与带有果香、蜜香的浓香乌龙混合，则能够使乌龙茶原本略显厚重的醇香变得更加丰富多彩。与干花调和时，花的比例在10%~20%为宜。

乌龙茶 + 水果干

桃香是乌龙茶中最常见的果香。如果再混合其他的果干或果皮，则能够调出多种多样的果香，柠檬果皮和莓果类都很合适。如果想要尝试更独特的组合，也可以混合椰果。使用香味比较强烈的水果时，加入的果干比例在20%为宜，而如果使用香气不强烈的水果，则可以将比例提高到30%以上。

黑茶（普洱茶）+ 香料

在黑茶（普洱茶）中混合各种香料，比如肉桂、香草、八角茴香、肉豆蔻等，可以将黑茶的强烈陈香稍加遮盖。其中，肉桂的甜香能够很好地缓和黑茶（普洱茶）的陈香，最为常用。用香料与黑茶（普洱茶）调和时，最好选用单一或两种以下的香料，尽量不要完全盖住茶本身的香气。

黑茶（普洱茶）+ 咖啡/可可粒

香味较为强烈的咖啡也可以缓和黑茶（普洱茶）的陈香。调和时不要使用咖啡粉，尽量使用咖啡豆。 咖啡豆的香味会根据烘焙程度的不同而有所变化，可根据个人喜好选择。只需混合3~5粒咖啡豆便可以制作出一杯含有咖啡香的奶茶饮品。另外，可可粒也是很适合与黑茶（普洱茶）混合的原料，但是加入热水后，可可粒的脂肪成分会被溶出，因此最好少量使用。

适合乌龙茶和黑茶奶茶的配料

和绿茶相比，乌龙茶和黑茶（普洱茶）的特点更为强烈，因此要根据每种茶的特点选择合适的配料才不会过于违和，也能够更好地突出茶本身的优点。在这里介绍几种可以作为甜味调料或装饰配料的食材。

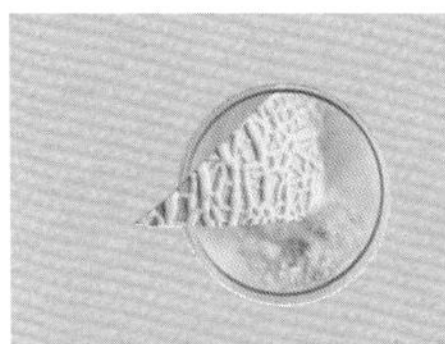

哈密瓜

含有各种果香的乌龙茶十分适合与水果搭配饮用。搭配方式也很多样，可以直接加入哈密瓜果肉，也可以使用加入了哈密瓜果香的加香乌龙。

桃子&荔枝

桃子和荔枝在乌龙茶饮品中十分常见。可以使用果肉、果泥、糖浆等各种类型的材料与奶茶搭配，调出丰富的口味。果泥或糖浆的糖分含量较高，使用时需要注意调节用量。

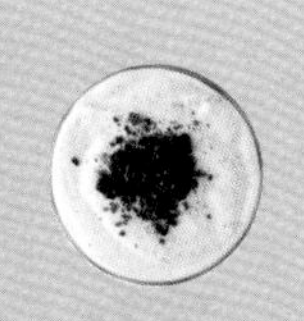

奥利奥

奥利奥饼干非常适合作为奶茶的配料。制作曲奇奶油风味的奶茶时很常用，也很适合添加到乌龙奶茶中，可以制作出香甜可口的奶茶饮料。

黑糖

黑糖特有的香味与奶茶相遇后会形成焦糖一般的甜香感，与乌龙茶的搭配恰到好处。若是糖浆形态的黑糖，一杯奶茶加入30毫升即可。

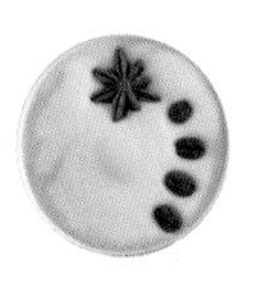

八角茴香和丁香

八角茴香和丁香的香味十分强烈，因此不需要加入过多，一杯奶茶加入1/4个八角茴香或1个丁香即可。如果作为装饰配料使用，则可以使奶茶散发出若隐若现的香气。

甘草糖浆

在熬煮过甘草的水中加入白砂糖即可制成甘草糖浆。甘草的甘甜香气能够让奶茶的香味和口感更加丰富饱满。

黄油

在制作中国西藏地区的特色奶茶酥油茶时，可以使用一般黄油作为主原料。黄油在奶茶中充分熔化后，搅拌至脂肪完全熔开即可。最后再加入少许食盐，能够让奶茶的口味更加丰富。

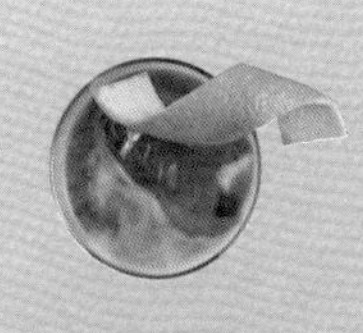

柑橘果皮

柠檬、青柠、橙子、柚子等柑橘类果皮中含有的果油成分能够缓和和稀释普洱茶的陈香，十分有名的“陈皮普洱”便是混合了橘子果皮的普洱调和茶。制作时可以将果皮干加入茶叶中一起沏泡，也可以直接用来作装饰配料。

CLASSIC MILK TEA

Base 清香乌龙

冷饮

洋槐蜂蜜乌龙奶茶

这是一款融合了清香乌龙的兰香与洋槐蜂蜜的花香，以花香为主的乌龙奶茶。保留了清香乌龙清爽淡雅的香气，外观上呈现出牛奶的色泽和质感，却隐隐散发着迷人的花香。具有代表性的清香乌龙有安溪铁观音、清香冻顶乌龙、清香高山乌龙、清香阿里山乌龙、清香金萱等。

配方

基本茶　清香乌龙5克、沸水150毫升、冰块

乳制品　牛奶60毫升

甜味调料　洋槐蜂蜜糖浆20毫升

制作方法

1. 将热水倒入沏茶壶进行预热。
2. 将清香乌龙茶放入1，倒入100毫升沸水，浸泡10秒后将水倒掉。
3. 重新倒入150毫升沸水，冲泡5分钟。
4. 茶泡好后，用过滤网将茶叶滤出，冷却至常温。
5. 将洋槐蜂蜜糖浆和冷却好的乌龙茶倒入杯子中。
6. 加满冰块后倒入冰牛奶即可。

+制作洋槐蜂蜜糖浆 200毫升/冷藏保存/保质期2周

配方：洋槐蜂蜜150毫升、沸水50毫升

1. 将洋槐蜂蜜和沸水放入锅中，使蜂蜜充分溶解。
2. 冷却至常温后倒入消毒洗净的瓶子里，冷藏保存。

CLASSIC MILK TEA

Base（左）普洱熟茶（右）浓香乌龙

热饮&热饮

乌龙奶茶和普洱奶茶

这是两款分别用浓香乌龙和普洱熟茶作为基本茶制作的奶茶。浓香乌龙的烘焙（将茶叶进行干燥烘焙的过程）时间较长，与清香乌龙相比味道更浓。普洱熟茶颜色虽然较深，但味道却意外地不是特别浓，而且能够为奶茶带来厚重感，也可以使用超市中销售的普洱熟茶粉。通过这两款最基本的奶茶，你可以感受到乌龙茶和普洱茶的不同风味。

配方

基本茶　乌龙奶茶：浓香乌龙5克、沸水300毫升
普洱奶茶：普洱熟茶5克、沸水300毫升

乳制品　乌龙奶茶：牛奶60毫升；普洱奶茶：牛奶100毫升

甜味调料　白砂糖（按个人喜好决定用量）

制作方法

热饮

1. 将热水倒入沏茶壶进行预热。
2. 将浓香乌龙茶放入1，倒入100毫升沸水，浸泡10秒后将水倒掉。
3. 重新倒入300毫升沸水，冲泡5分钟。
4. 将60毫升常温牛奶倒入奉茶壶。
5. 在4上放置过滤网，将泡好的茶倒入，并加入白砂糖搅拌。

热饮

1. 将热水倒入沏茶壶进行预热。
2. 将普洱熟茶放入1中，倒入100毫升沸水，浸泡15秒后将水倒掉。
3. 重新倒入300毫升沸水，沏泡5分钟。
4. 将100毫升常温牛奶倒入奉茶壶。
5. 在4上放置过滤网，将泡好的茶倒入，并加入白砂糖搅拌。

CLASSIC MILK TEA

Base 普洱熟茶+甘草干

冷饮

甘草普洱奶茶

这是一款在普洱熟茶中加入甘草的调和茶。甘草和黄芪几乎没有毒性，常用于调和茶。甘草的甜香能够缓和和稀释普洱熟茶的强烈陈香，使普洱茶更易饮，更容易被一般大众所接受。最后加入牛奶为甘草普洱奶茶再增添一分柔和口感。

配方

基本茶　普洱熟茶5克、甘草干2个、沸水150毫升、冰块

乳制品　牛奶100毫升

甜味调料　白砂糖（按个人喜好决定用量）

制作方法

1. 将热水倒入沏茶壶进行预热。
2. 将普洱熟茶放入1，倒入100毫升沸水，浸泡15秒后将水倒掉。
3. 将甘草和150毫升沸水倒入2，冲泡5分钟。
4. 茶泡好后，用过滤网将茶叶滤出，加入白砂糖后冷却至常温。
5. 在杯子里加满冰块，倒入冷却好的茶。
6. 最后倒入冰牛奶并放上甘草作点缀即可。

小贴士／将甘草切碎使用

在茶叶中混合甘草时，需要将甘草切碎后加入。如果甘草片过大，甘草的味道和香气无法在5分钟内充分融于水中。

CLASSIC MILK TEA

Base 桂花乌龙

热饮 & 冷饮

桂花乌龙奶茶

桂花又称为木犀或九里香，其具有桃花香和杏花香，因此也被用于制作香水。乌龙茶和桂花制成的调和茶在中国十分常见，可以同时品尝到多种果香和花香。峣阳茶行、王德传、吴裕泰、英记茶庄、天福茗茶等都是比较有名的茶叶品牌。

配方

基本茶　桂花乌龙5克
热饮 沸水170毫升；冷饮 沸水170毫升+冰块
乳制品　牛奶80毫升
甜味调料　糖浆15毫升
装饰配料　桂花少许

制作方法

热饮
1. 将热水倒入沏茶壶进行预热。
2. 将桂花乌龙放入1，倒入100毫升沸水，浸泡10秒后将水倒掉。
3. 重新倒入170毫升沸水，冲泡5分钟。
4. 茶泡好后，用过滤网将茶叶滤出。
5. 在预热好的茶杯中加入糖浆，然后倒入泡好的茶，搅拌均匀。
6. 将牛奶适当加热后倒入，最后放上桂花作点缀。

冷饮
1. 将热水倒入沏茶壶进行预热。
2. 将桂花乌龙放入1中，倒入100毫升沸水，浸泡10秒后将水倒掉。
3. 重新倒入170毫升沸水，冲泡5分钟。
4. 茶泡好后，用过滤网将茶叶滤出，冷却至常温。
5. 在杯子里加入糖浆，然后倒入泡好的茶，搅拌均匀 。
6. 最后加满冰块，并倒入冰牛奶。

CLASSIC MILK TEA

Base 蜜桃乌龙

冷饮

蜜桃乌龙奶茶

这是一款在添加了桃子香的加香乌龙茶中直接加入桃子果肉制成的乌龙奶茶。如果买不到新鲜桃子，也可以使用桃子果泥。另外，只要加入桃香糖浆和桃子果泥，用一般的乌龙茶也可以冲泡出蜜桃乌龙的香气。尽情地享受蜜桃的清甜可口吧！

配方

基本茶	蜜桃乌龙茶包2~3个（5克）、水150毫升、冰块
乳制品	牛奶100毫升
甜味调料	糖浆20毫升、桃子（白桃）1/4个
装饰配料	新鲜桃子果片3~4片

制作方法

1. 将150毫升的水倒入牛奶锅，煮至100℃。
2. 水沸腾后放入蜜桃乌龙茶茶包，小火熬煮。
3. 茶煮得足够浓后关火，取出茶包，冷却至常温。
4. 将用作甜味调料的桃子切碎。
5. 将糖浆和切碎的桃子放入杯子中并加满冰块。
6. 将牛奶倒入杯子中，然后倒入冷却好的茶。
7. 最后放上新鲜桃子果片作点缀。

小贴士 **可从多种蜜桃乌龙茶品牌中根据个人喜好选择**

蜜桃乌龙是非常受欢迎的加香乌龙茶，不同品牌蜜桃乌龙的香气口感都略有不同，可根据个人的喜好来挑选。TEAZEN、TAVALON、Rishi Tea、SSANGGYE名茶等品牌都有推出蜜桃乌龙。本书中使用的是TAVALON的蜜桃乌龙茶。

VARIATION MILK TEA

Base

浓香乌龙

冷饮

柠檬奶油芝士泡沫乌龙奶茶

这款奶茶可以让你同时品尝到浓香乌龙奶茶和芝士蛋糕的风味。在基本的乌龙奶茶上浮盖一层奶油，根据奶油的种类可以演绎出多种不同的奶茶饮品。柠檬、青柠、柚子奶油与浓香乌龙搭配起来尤其合适。如果不加入牛奶，也可以仅使用芝士奶油泡沫制作出芝士茶。

配方

基本茶	浓香乌龙5克、水150毫升、冰块
乳制品	牛奶100毫升、柠檬奶油芝士泡沫80毫升
甜味调料	糖浆15毫升
装饰配料	新鲜柠檬果皮丝少许

制作方法

1. 将150毫升的水倒入牛奶锅，煮至100℃。
2. 水沸腾后，放入浓香乌龙，小火熬煮。
3. 茶煮得足够浓后关火，用过滤网将茶叶滤出，冷却至常温。
4. 将糖浆和冷却好的茶倒入杯子中，搅拌均匀。
5. 加满冰块后倒入冰牛奶。
6. 在牛奶上倒入柠檬奶油芝士泡沫，最后放上新鲜柠檬果皮丝作点缀。

+制作柠檬奶油芝士泡沫 80克/即做即食

配方：新鲜柠檬果皮丝（1个柠檬）、奶油芝士（费城芝士）一小勺、炼乳10毫升、白砂糖2小勺、盐2小撮、鲜奶油70毫升

1. 将新鲜柠檬果皮丝、奶油芝士、炼乳、白砂糖、盐放入搅拌盆搅拌均匀。
2. 另取一个碗将鲜奶油倒入，混合搅拌至能够缓缓流动的黏稠程度。
3. 将搅拌好的鲜奶油一并加入搅拌盆，搅拌均匀即可。

VARIATION MILK TEA

Base

普洱熟茶

冷饮

棒子草莓普洱奶茶

这是一款将醇香的榛子和酸甜的草莓搭配普洱茶制成的特色奶茶。这款奶茶最引人注目的特色就在于草莓酱和榛子糖浆、牛奶、普洱茶形成的三层三色式外观。直接将榛子爆炒后自制成的榛子糖浆，能够让坚果的醇香加倍。

配方

基本茶	普洱熟茶5克、沸水150毫升、冰块
乳制品	牛奶80毫升
甜味调料	榛子糖浆10毫升、泡水用草莓果酱

制作方法

1. 将热水倒入沏茶壶进行预热。
2. 将普洱熟茶放入1，倒入100毫升沸水，浸泡15秒后将水倒掉。
3. 重新倒入150毫升沸水，冲泡5分钟。
4. 将榛子糖浆和泡水用草莓果酱放入杯子中搅拌混合。
5. 在杯子里加满冰块，缓慢倒入牛奶。
6. 用过滤网将茶壶中的茶渣滤出后，小心倒入杯子里。

+制作榛子糖浆 250毫升/冷藏保存/保质期2周

配方：水300毫升、白砂糖300克、榛子150克

1. 将榛子炒到微微泛黄后，充分冷却后切碎。
2. 向牛奶锅中倒入水和白砂糖，大火煮至白砂糖充分溶化。
3. 调至小火，将切碎的榛子放入，煮10~15分钟。
4. 关火，冷却至常温后，将榛子渣滤出，糖浆倒入消毒洗净的瓶子里，冷藏保存。

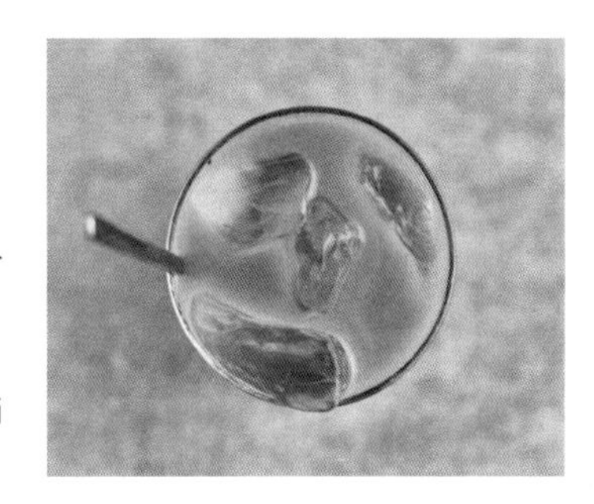

VARIATION MILK TEA

Base

清香乌龙+蝶豆花

冷饮

蓝色乌龙奶茶

这是一款用蝶豆花和乌龙茶调和出的蓝色奶茶饮品。根据蝶豆花的用量，奶茶的颜色深浅会有所不同，但是香气基本上不会有差异，其柔和的天蓝色与清香乌龙清淡雅致的口味十分相配。

配方

基本茶	清香乌龙5克、蝶豆花10个、沸水150毫升、冰块
乳制品	牛奶60毫升
甜味调料	糖浆15毫升
装饰配料	蝶豆花少许

制作方法

1. 将热水倒入沏茶壶进行预热。
2. 将清香乌龙放入1，倒入100毫升沸水，浸泡10秒后将水倒掉。
3. 将蝶豆花和150毫升沸水倒入2，冲泡5分钟。
4. 茶泡好后，滤去茶渣，冷却至常温。
5. 将糖浆和冷却好的茶倒入杯子中，搅拌均匀后加满冰块 。
6. 最后小心地将冰牛奶缓慢倒入，再放上蝶豆花作点缀即可。

小贴士ノ 用紫罗兰也可以调出相似的色彩

紫罗兰也可以冲泡出和蝶豆花相似的颜色效果。但是紫罗兰冲泡出的茶色根据温度高低会有所变化，如果用过热的水来冲泡，则会呈现出青绿色，冲泡时需要注意水温。

VARIATION MILK TEA

Base

普洱熟茶

热饮

酥油茶

酥油茶是西藏地区的代表性奶茶。正宗酥油茶使用的不是普通牛奶，而是牦牛奶，本书介绍的配方是将无盐黄油与牛奶混合来代替牦牛奶。加入少许食盐可以增加奶茶的浓香，但是盐用量过多则可能产生苦味，加入时需要注意用量。

配方

基本茶	普洱熟茶4克、沸水250毫升
乳制品	无盐黄油5克、牛奶50毫升
甜味调料	谷类冲粉1/8小勺、盐2小撮

制作方法

1. 将普洱熟茶放入法压壶，倒入100毫升左右的沸水，浸泡15秒后将水倒掉。
2. 重新加入250毫升沸水，冲泡5分钟。
3. 茶泡好后，将无盐黄油、加热到适当温度的牛奶、谷类冲粉和盐加入法压壶，反复提压滤压杆。
4. 材料充分混合后，用过滤网滤出茶渣，奶茶倒入茶杯即可。

小贴士ノ 使用法压壶来代替“董莫”

制作传统酥油茶时，需要用到称为“董莫”（酥油茶桶）的容器工具，在家制作时可以用法压壶来代替。如果家里没有法压壶，也可以使用牛奶锅。按照皇家奶茶的做法制作即可，需要注意的是放入黄油后要一直搅拌，以防止脂肪成分凝结。

VARIATION
MILK TEA

Base
普洱熟茶+八角茴香+
咖啡豆

热饮&冷饮

茴香咖啡普洱奶茶

这是一款在普洱熟茶中加入八角茴香和咖啡豆，制作出的香味独特的奶茶饮品。微甜的八角茴香和咖啡特有的香气能够衬托出普洱熟茶的陈香。不过这些材料的香味都很强烈，加入时需要注意控制用量。

配方

基本茶　普洱熟茶5克、八角茴香1/2个、咖啡豆3粒

热饮 沸水200毫升；冷饮 沸水200毫升+冰块

乳制品　牛奶80毫升

甜味调料　糖浆10毫升

装饰配料　八角茴香1个、咖啡豆2粒

制作方法

热饮

1. 将热水倒入沏茶壶进行预热。
2. 将普洱熟茶放入1，倒入100毫升沸水，浸泡15秒后将水倒掉。
3. 将半个八角茴香、咖啡豆3粒放入2，重新倒入200毫升沸水，冲泡5分钟。
4. 将糖浆倒入预热好的茶杯中，放上过滤网，将3倒入。
5. 将牛奶加热到适当温度后，缓慢倒入茶杯，最后放上八角茴香和咖啡豆作点缀。

冷饮

1. 将热水倒入沏茶壶进行预热。
2. 将普洱熟茶放入1，倒入100毫升沸水，浸泡15秒后将水倒掉。
3. 将半个八角茴香、咖啡豆3粒放入2中，重新倒入200毫升沸水，冲泡5分钟。
4. 茶泡好后，滤去茶渣和其他配料，冷却至常温。
5. 将糖浆倒入杯子里，加满冰块后，将冷却好的茶倒入。
6. 最后小心缓慢地将冰牛奶倒入，再放上八角茴香和咖啡豆即可。

VARIATION MILK TEA

Base

清香乌龙

冷饮

哈密瓜乌龙奶茶

哈密瓜香甜柔和的味道能够为清香乌龙带来别样的风味。加入了哈密瓜的牛奶，口味不再单调。如果想让哈密瓜的味道和香气更加突出，则可以将香草冰淇淋的用量稍作减少，也可以购买哈密瓜口味的牛奶直接使用。

配方

基本茶　清香乌龙5克、沸水150毫升、冰块
乳制品　哈密瓜牛奶100毫升
装饰配料　哈密瓜果皮

制作方法

1. 将热水倒入沏茶壶进行预热。
2. 将清新乌龙放入1，倒入100毫升沸水，浸泡10秒后将水倒掉。
3. 重新倒入150毫升沸水，冲泡5分钟。
4. 茶泡好后，用过滤网滤去茶叶，冷却至常温。
5. 在杯子里加满冰块后，将冷却好的茶倒入。
6. 将提前冰镇好的哈密瓜牛奶倒入，最后放上哈密瓜果皮即可。

+制作哈密瓜牛奶 250毫升/即做即食

配方：哈密瓜1/4个、香草冰淇淋3球、牛奶100毫升

1. 将哈密瓜分为四等份，除去瓜籽后，削掉果皮。
2. 将哈密瓜果肉、香草冰淇淋、牛奶放入搅拌机，将所有内容物充分打碎并搅拌均匀即可。

VARIATION MILK TEA

Base

普洱熟茶+胡椒薄荷+可可粒

热饮 & 冷饮

薄荷巧克力普洱奶茶

冲泡基本茶时，在普洱熟茶中加入胡椒薄荷和可可粒，胡椒薄荷的清爽和可可粒的巧克力香若隐若现地完美融合。调和配料的用量可根据个人的喜好进行调整，不过需要注意，可可粒的用量过大时，其中含有的脂肪成分会溶解出来。

配方

基本茶　普洱熟茶5克、胡椒薄荷1/4小勺、可可粒1/4小勺
热饮 沸水200毫升；冷饮 沸水200毫升+冰块

乳制品　牛奶80毫升

甜味调料　糖浆20毫升

装饰配料　薄荷叶少许

制作方法

热饮
1. 将热水倒入沏茶壶进行预热。
2. 将普洱熟茶放入1，倒入100毫升沸水，浸泡15秒后将水倒掉。
3. 在2中加入胡椒薄荷、可可粒，重新倒入200毫升沸水，冲泡5分钟。
4. 将糖浆倒入提前预热好的茶杯中，放上过滤网，将3倒入，滤出茶渣和其他配料。
5. 将牛奶适当加热，缓慢倒入茶杯，最后放上薄荷叶作点缀即可。

冷饮
1. 将热水倒入沏茶壶进行预热。
2. 将普洱熟茶放入1，倒入100毫升沸水，浸泡15秒后将水倒掉。
3. 在2中加入胡椒薄荷、可可粒，重新倒入200毫升沸水，冲泡5分钟。
4. 茶泡好后，滤去茶叶和其他配料，冷却至常温。
5. 将糖浆倒入杯中并加满冰块，然后将冷却好的茶倒入。
6. 最后将冰牛奶缓慢倒入并放上薄荷叶即可。

VARIATION MILK TEA

Base
浓香乌龙

冷饮

焦糖布丁乌龙珍珠奶茶

在乌龙奶茶上浮盖一层卡仕达酱并撒上白砂糖，然后使用喷灯使白砂糖熔化，便能制作出一款法式焦糖布丁风味的乌龙奶茶。法式焦糖布丁是以卡仕达酱为原料的经典法式甜点，外层温热，内里冰凉，用喷灯将白砂糖稍加灼烧产生的焦糖味道更是妙不可言。一杯饮品让你能够同时品尝到乌龙奶茶和法式焦糖布丁的感觉。

配方

基本茶　浓香乌龙5克、水150毫升、冰块
乳制品　牛奶100毫升、卡仕达酱70毫升（做法参见243页）
甜味调料　糖浆15毫升、白砂糖1小撮
装饰配料　黑珍珠粉圆30克（做法参见245页）

制作方法

1. 在牛奶锅中加入150毫升水，煮至100℃。
2. 水沸腾后，加入浓香乌龙，小火熬煮。
3. 茶煮至足够浓后关火，用过滤网将茶叶滤出，冷却至常温。
4. 将提前准备好的黑珍珠粉圆、糖浆、冷却好的茶倒入杯子中，搅拌均匀。
5. 加满冰块，倒入冰牛奶。
6. 在奶茶上方倒上卡仕达酱，并撒上白砂糖。
7. 使用喷灯熔化白砂糖。

小贴士 使用喷灯时不要离得太近

制作本款奶茶的最大亮点就在于使用喷灯熔化砂糖的过程。利用喷灯的余热使白砂糖缓慢熔化，如果喷灯离得过近，砂糖很容易被烧焦，因此要格外注意。

VARIATION MILK TEA

Base

普洱熟茶

冷饮

肉桂葡萄干普洱奶茶

葡萄干和肉桂的搭配可以说十分经典，肉桂的辛香和葡萄干的甘甜，再加上普洱熟茶的醇香，便可制作出一杯让人神清气爽的奶茶饮品。这款奶茶的关键就在于制作葡萄干糖浆时要尽量将葡萄干泡得久一些，泡得越久，糖浆中葡萄干的味道和香气就越强烈。

配方

基本茶	普洱熟茶5克、沸水100毫升、冰块
乳制品	牛奶100毫升
甜味调料	葡萄干糖浆20毫升、肉桂粉1小撮
装饰配料	肉桂棒1个、葡萄干6~7颗

制作方法

1. 将热水倒入沏茶壶进行预热。
2. 将普洱熟茶放入1，倒入100毫升沸水，浸泡15秒后将水倒掉。
3. 重新倒入150毫升沸水，冲泡5分钟。
4. 茶泡好后，滤去茶叶，冷却至常温。
5. 在杯子里加入葡萄干糖浆和肉桂粉，然后倒入冰牛奶，搅拌均匀。
6. 加满冰块后，将冷却好的茶小心倒入。
7. 最后将肉桂棒插在饮品上，并用鸡尾酒签串起葡萄干，置于杯口。

+制作葡萄干糖浆 300毫升/冷藏保存/保质期2周

配方：葡萄干200克、水200毫升、白砂糖200克

1. 将葡萄干和200毫升沸水放入牛奶锅中，泡10分钟。
2. 加入白砂糖，大火烧煮。
3. 白砂糖全部溶化后，调至小火，继续熬煮5分钟，然后用过滤网将内容物滤出。
4. 冷却至常温后，将糖浆倒入消毒洗净的瓶子里，冷藏保存。

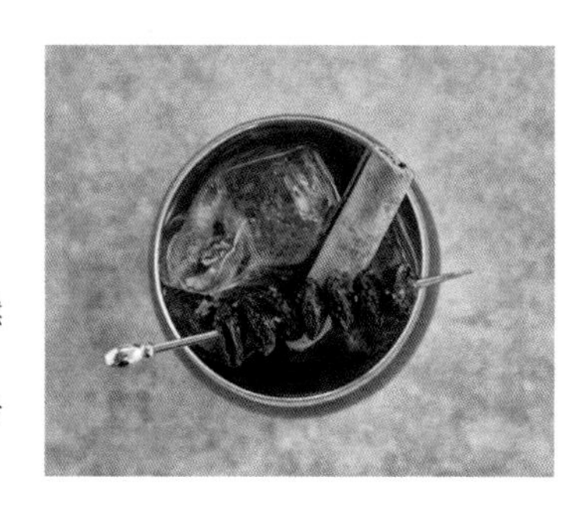

VARIATION MILK TEA

Base

浓香乌龙

冷饮

奥利奥奶油乌龙奶茶

在奶油中加入奥利奥饼干便能够制作出香甜满分的奶油，将其作为奶茶原料，则能够让你在饮用奶茶的同时仿佛在品尝一款甜点。如果使用碎片形态的奥利奥饼干，则能够让奶油拥有香脆口感，更增添一分趣味。

配方

基本茶　浓香乌龙5克、水150毫升、冰块
乳制品　牛奶100毫升
甜味调料　糖浆20毫升、奥利奥奶油60毫升
装饰配料　奥利奥饼干碎少许

制作方法

1. 在牛奶锅中加入150毫升水，煮至100℃。
2. 水沸腾后，加入浓香乌龙，小火熬煮。
3. 茶煮至足够浓后关火，用过滤网将茶叶滤出，冷却至常温。
4. 将糖浆和冷却好的茶倒入杯子中，搅拌均匀。
5. 在杯子里加满冰块后倒入冰牛奶。
6. 最后倒入奥利奥奶油，并撒上奥利奥饼干碎即可。

+制作奥利奥奶油 60毫升/即做即食

配方：奥利奥饼干粉末1小勺、掼奶油（鲜奶油60毫升、白砂糖2小勺）

将鲜奶油和白砂糖放入搅拌盆里，充分搅拌后加入奥利奥饼干粉末，混合均匀。

VARIATION MILK TEA

Base

清香乌龙

冷饮

草莓绿珍珠乌龙奶茶

使用市面上销售的草莓牛奶也能做出高级感十足的奶茶。各种牛奶饮品不仅能让奶茶呈现出不同的颜色，还能为奶茶的口味增添不一样的变化。根据各种基本茶和牛奶饮品的特点尝试不同搭配，则能够演绎出风味各异的奶茶。

配方

基本茶　清香乌龙5克、沸水100毫升、冰块

乳制品　草莓牛奶100毫升

装饰配料　绿色珍珠粉圆30克（做法参见245页）

制作方法

1. 将热水倒入沏茶壶进行预热。
2. 将清香乌龙放入1，倒入100毫升沸水，浸泡10秒后将水倒掉。
3. 重新倒入100毫升沸水，冲泡5分钟。
4. 茶泡好后，用过滤网滤去茶叶，冷却至常温。
5. 将提前准备好的绿色珍珠粉圆放入杯中。
6. 在杯子里加满冰块后，倒入冰草莓牛奶。
7. 最后小心倒入冷却好的茶即可。

小贴士／**使用市面上销售的草莓牛奶时，无须加入糖浆**

直接使用市面上销售的牛奶饮品时，不需要加入糖浆。因为牛奶饮品中已经含有糖分，最好品尝确认之后再添加。如果奶茶的茶香太淡，则可以增加茶叶用量。

VARIATION MILK TEA

Base

普洱熟茶

热饮 & 冷饮

玫瑰白巧克力普洱奶茶

白巧克力和玫瑰是很多饮品中常见的搭配组合，与普洱熟茶的香气也十分相称。用牛奶锅煮制普洱熟茶的时候，要格外注意茶的浓度变化，大约3分钟便可以煮出十分浓郁的普洱茶。充分了解自己的偏好后灵活调整，即可制作出最适合你的玫瑰白巧克力普洱奶茶。

配方

基本茶　普洱熟茶5克
热饮 沸水200毫升；冷饮 沸水150毫升+冰块

乳制品　牛奶100毫升

甜味调料　白巧克力酱15毫升、玫瑰糖浆10毫升

装饰配料　玫瑰花瓣少许

制作方法

热饮

1. 在牛奶锅中放入普洱熟茶，加入100毫升热水，浸泡15秒后将水倒掉。
2. 重新加入200毫升沸水，大火烧煮。
3. 茶煮至足够浓后关火，将茶倒入杯子中，用过滤网将茶叶滤出。
4. 加入白巧克力酱和玫瑰糖浆，搅拌均匀。
5. 将牛奶适当加热后倒入，最后放上玫瑰花瓣作点缀即可。

冷饮

1. 在牛奶锅中放入普洱熟茶，加入100毫升热水，浸泡15秒后将水倒掉。
2. 重新加入150毫升沸水，大火烧煮。
3. 茶煮至足够浓后关火，用过滤网将茶叶滤出，冷却至常温。
4. 将白巧克力酱、玫瑰糖浆、冰牛奶倒入杯子中，搅拌均匀。
5. 加满冰块，倒入冷却好的茶，最后放上玫瑰花瓣作点缀。

VARIATION MILK TEA

Base

清香乌龙

冷饮

荔枝玫瑰乌龙奶茶

这是一款混合了荔枝糖浆和玫瑰糖浆，味道别具一格的奶茶饮品。原料中的玫瑰糖浆和红石榴糖浆可以直接使用市面上销售的产品，荔枝糖浆则可以在家使用荔枝罐头自制。用鸡尾酒签穿起荔枝放置于杯口，再撒上少许的玫瑰花瓣，便可以演绎出高级鸡尾酒的风格。

配方

基本茶	清香乌龙5克、水150毫升、冰块
乳制品	牛奶100毫升
甜味调料	玫瑰糖浆10毫升、荔枝糖浆15毫升、红石榴糖浆5毫升、盐1小撮
装饰配料	荔枝1颗、玫瑰花瓣少许

制作方法

1. 在牛奶锅中加入150毫升水，煮至100℃。
2. 水沸腾后，加入清香乌龙，小火熬煮。
3. 茶煮至足够浓后关火，用过滤网将茶叶滤出，冷却至常温。
4. 将玫瑰糖浆、荔枝糖浆、红石榴糖浆和盐倒入杯子中，搅拌均匀。
5. 将冷却好的茶倒入后，在杯子里加满冰块，倒入冰牛奶。
6. 最后用鸡尾酒签穿起荔枝放置于杯口，撒上玫瑰花瓣。

+制作荔枝糖浆 250毫升/冷藏保存/保质期2周

配方：冷冻荔枝1杯、水200毫升、白砂糖200克

1. 将冷冻荔枝稍微解冻后，剥皮去核。
2. 将水倒入锅中，煮沸后加入白砂糖，并使其充分溶化。
3. 将处理好的荔枝果肉放入锅中，煮10分钟，关火冷却至常温。
4. 冷却后将荔枝果肉捞出，糖浆倒入消毒洗净的瓶子里，冷藏保存。

PART 5

用花草茶制作奶茶

花草茶的英文名称herb来源于拉丁语中指称草的单词“Herba”。花草茶的种类可谓不计其数，和其他类型的茶不同，花草茶中不含有咖啡因，不同的花草茶中含有不同的药用成分，受到大众的喜爱。迷迭香茶、胡椒薄荷茶、洋甘菊茶、薰衣草茶、洛神花茶、南非博士茶等较为常见的花草茶均可用来作为奶茶的基本茶。在这里为大家介绍以植物的叶、花、果实为原料制作花草奶茶的基本方法。

HERB TEA + MILK

熟悉花草茶的特点

制作花草奶茶之前，需要先熟悉各种花草茶的特点。呈现出红色并带有酸味的洛神花茶和玫瑰果茶含有有机酸成分，会影响乳制品的pH，因此不适合用作奶茶原料。产自南非的南非博士茶，又被称为“red tea”，可以替代红茶作为奶茶原料。另外，含有清爽香气的胡椒薄荷、罗勒、柠檬草则非常适合作为夏季奶茶的原料，而带有苹果香的洋甘菊则更适合用来制作秋冬季的奶茶。

干花草、花草糖浆、新鲜花草

制作花草奶茶最普遍的做法是用干花草冲泡出浓浓的花草茶后加入牛奶。干花草中浓缩了花草成分，香味强烈，但新鲜的感觉稍有不足。使用花草茶和白砂糖熬制而成的花草糖浆作为原料可以大大简化制作奶茶的步骤，但这种方法的缺点是不易减少糖分。用新鲜花草泡茶虽然不太常见，但是用捣碎的方式可以充分挤压出花草中的精油成分，也可以制作出口味清爽的花草奶茶。

泡花草茶的关键是水量

制作一杯奶茶加入干花草3克即可。如果想做出口味浓郁的基本茶，则可以将花草茶的用量提高到饮用纯花草茶时茶叶用量的2~3倍，并将水的用量减半到150~200毫升。一般来说，干花草比新鲜花草更为合适，如果使用茶包，则加入2~3个茶包即可。

适合花草奶茶的调和茶

花草茶本身的种类就不计其数，因此花草茶的调和茶更是数不胜数。花草+花草、花草+水果、花草+香料等，可以用各种不同的方式进行调和。不论用哪一种方式进行调和，有一个共同的标准，就是不能遮盖住花草茶本身的香味。调和所使用的配料比例不能超过基本花草茶用量的1/2。

花草茶 + 花草

最基本的调和方式就是在基本花草茶中加入其他花草。使用花草和花草调和时，要根据颜色和香味来选择原料。比如玫瑰果茶和洛神花茶，苹果薄荷和胡椒薄荷都是不错的组合。花草茶的香气都较为强烈，强强相遇，稍不注意就有可能使每种花草茶的香味特点相互抵消。因此使用花草茶调和时，添加的花草茶种类最好不要超过两种以上。基本花草茶和花草配料的比例在7：3为宜，也可以根据个人的喜好进行调整。

花草茶 + 水果

花草茶和水果的搭配也是常见的调和方式。新鲜水果含有的有机酸成分可能导致乳制品的凝结，因此最好使用水果干，比如蓝莓干、蔓越莓干、葡萄干等，也可以将苹果和猕猴桃等水果直接干燥后使用。此外，柠檬果皮、柚子果皮、青柠果皮、橙子果皮等果皮干也常用于花草调和茶。因为水果并不是主原料而是配料，进行调和时要注意加入水果的比例，用量应以能够突出主原料为宜。

花草茶 + 香料

花草和香料来源相同，两者都香味强烈且带有药性。在花草茶奶茶的基本茶中加入香料，能够让略显单薄的奶茶口味更加浓厚。花草茶可以与各种带有不同香气的香料混合使用，从肉桂、香草等香甜感的香气，到丁香、八角茴香、姜黄、生姜、肉豆蔻等强烈的香气，甚至胡椒、小豆蔻等辛辣的香气，都可以与花草茶融合得很好。香料与花草茶搭配时，只需加入少量，让香料的味道若隐若现即可。花草茶与香料调和时，花草茶的比例应在80%以上。

适合花草奶茶的配料

各种类型的花草茶成分都不尽相同，冲泡出的茶水颜色也各异，可以搭配使用的配料十分多样。单独使用花草茶制作奶茶时，很容易稍显单调，下面介绍几种能够为花草茶增添生动感的常用配料。

蜂蜜

蜂蜜在各种饮品中都是常用的配料，与花草茶搭配起来尤其出彩。蜂蜜的香味能够突出和提升花草茶的风味。制作冰奶茶时，需要将蜂蜜制成糖浆来使用。建议使用养蜂蜂蜜。

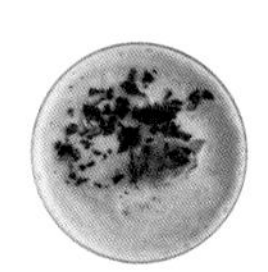

酸奶

由乳制品发酵制成的酸奶，特别适合与洛神花茶或玫瑰果茶搭配。使用酸奶粉也可以做出同样的效果。除此之外，酸奶也常与薄荷类的花草茶搭配饮用。

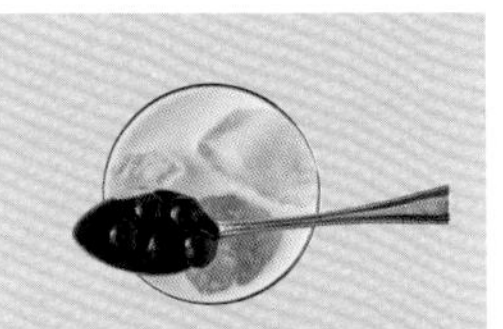

珍珠粉圆

在红茶、绿茶奶茶中十分常见的珍珠粉圆与花草茶搭配起来也很合适。选用与基本茶颜色一致的珍珠粉圆，可以让奶茶成品的色彩特征更加突出。一杯奶茶的珍珠粉圆用量在30克左右为宜。

蝶豆花

蝶豆花作为花草茶的一种，主要用于制作蓝色奶茶。和其他花草茶相比，味道不那么强烈。冲泡时，与茶色较淡的花草茶混合使用，更够使茶饮成品呈现出漂亮的色泽。

干花草

干花草除了作为花草茶的主要原料外，也很适合用作装饰配料。使用与花草茶基本原料的同种干花草作为装饰配料，不仅可以让人一看便知这是什么茶，还能提高奶茶成品的外观效果。只需在奶茶中加入一点点作为点缀即可。

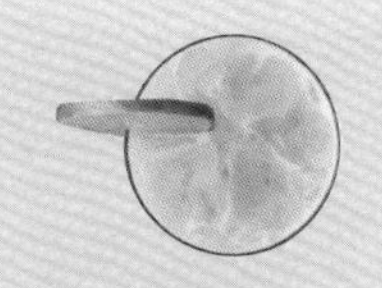

柑橘类水果

柑橘类水果的果汁会使牛奶发生凝结，因此要使用柑橘类水果的果皮。果皮中的精油成分能够使奶茶的香味更加丰富饱满，柑橘的果香还能为奶茶带来酸甜清爽的感觉。

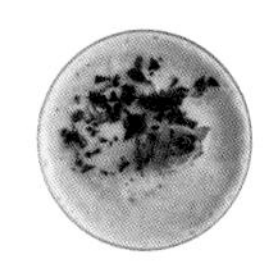

花草糖浆

在花草奶茶中加入各种花草糖浆，能够制作出蕴含各色花草香味的饮品。一杯奶茶加入20~30毫升糖浆即可，如果想降低甜度，可以适当调整基本糖浆的用量。

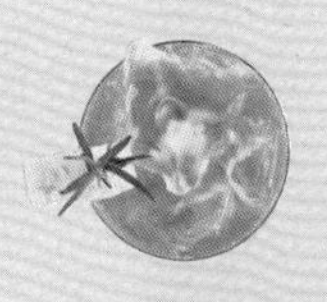

苏打水

严格来说，苏打水并不是适合添加到奶茶中的配料。但是这种另类的组合也能制作出独一无二、个性十足的奶茶。在制作加入苏打水的奶茶时，最好适当减少乳制品的用量。

CLASSIC MILK TEA

Base 洋甘菊茶

热饮&冷饮

蜂蜜香草洋甘菊奶茶

在最基本的洋甘菊奶茶中加入蜂蜜和香草糖浆，能让香甜倍增。含有苹果香和花香的洋甘菊茶可以与很多材料搭配饮用。推荐使用优质的洋甘菊茶制作基本茶，Twinings、Ronnefeldt、epanie、messmer、Eilles的洋甘菊茶都是不错的选择。

配方

基本茶 洋甘菊茶1大勺
热饮 沸水200毫升；冷饮 沸水150毫升+冰块

乳制品 牛奶100毫升

甜味调料 蜂蜜糖浆15毫升（做法参见139页）、香草糖浆15毫升

装饰配料 洋甘菊少许

制作方法

热饮

1. 将热水倒入沏茶壶进行预热。
2. 将洋甘菊茶放入1，倒入200毫升沸水，冲泡5分钟。
3. 将蜂蜜糖浆和香草糖浆倒入预热好的茶杯中，搅拌均匀。
4. 用过滤网滤去洋甘菊茶中的茶渣，将茶水倒入3。
5. 将牛奶加热到适当温度后，倒入茶杯。
6. 最后撒上少许洋甘菊作点缀即可。

冷饮

1. 将热水倒入沏茶壶进行预热。
2. 将洋甘菊茶放入1，倒入150毫升沸水，冲泡5分钟。
3. 茶泡好后，用过滤网滤去茶渣，冷却至常温。
4. 将蜂蜜糖浆、香草糖浆和冷却好的洋甘菊茶倒入杯子中，搅拌均匀。
5. 加满冰块，倒入冰牛奶。
6. 最后撒上少许洋甘菊作点缀即可。

CLASSIC MILK TEA

Base 薰衣草茶+迷迭香

热饮＆冷饮

薰衣草迷迭香奶茶

在薰衣草茶中加入迷迭香，只需一杯奶茶即可同时感受两种花草香。喝上一口，立刻就能感受到薰衣草茶的香气，随后迷迭香的香气会慢慢充满口腔，带给你花草茶的无限清香。

配方

基本茶　薰衣草茶2小勺

热饮 沸水200毫升；冷饮 沸水150毫升+冰块

乳制品　牛奶80毫升

甜味调料　糖浆10毫升、迷迭香2根

装饰配料　迷迭香少许

制作方法

热饮

1. 将热水倒入沏茶壶进行预热。
2. 将薰衣草茶放入1中，倒入200毫升沸水，冲泡5分钟。
3. 将糖浆和迷迭香放入预热好的茶杯中，混合捣碎，直至有迷迭香的香气散发出来。
4. 用过滤网滤去薰衣草茶中的茶渣，将茶水倒入3。
5. 将牛奶适当加热后倒入茶杯，放上迷迭香作点缀。

冷饮

1. 将热水倒入沏茶壶进行预热。
2. 将薰衣草茶放入1中，倒入150毫升沸水，冲泡5分钟。
3. 茶泡好后，用过滤网将茶渣滤出，冷却至常温。
4. 将糖浆和迷迭香放入预热好的茶杯中，混合捣碎，直到有迷迭香的香气散发出来。
5. 在杯子中加满冰块，将冷却好的茶倒入，让茶慢慢从冰块上方缓慢流下。
6. 最后倒入冰牛奶，并放上迷迭香作点缀。

CLASSIC MILK TEA

Base 鼠尾草蜂蜜薄荷茶

热饮

鼠尾草蜂蜜薄荷奶茶

鼠尾草（sage）一词原有“健康”“治愈”之意，香味浓郁，主要作为香料用于烹饪，也常被用于调和花草茶。在鼠尾草中混合薄荷和蜂蜜制成基本茶，再加入牛奶和糖浆，便可做出一杯风味绝佳的花草奶茶。

配方

基本茶	鼠尾草蜂蜜薄荷茶茶包2个、沸水200毫升
乳制品	牛奶80毫升
甜味调料	糖浆15毫升
装饰配料	鼠尾草1片、干薄荷叶少许

制作方法

1. 将热水倒入沏茶壶进行预热。
2. 将鼠尾草蜂蜜薄荷茶茶包放入1中，倒入200毫升沸水，冲泡5分钟。
3. 茶泡好后，将茶包取出。
4. 将糖浆放入预热好的茶杯中。
5. 倒入泡好的茶，与糖浆搅拌均匀。
6. 将牛奶适当加热后倒入。
7. 放上装饰用的鼠尾草，并撒上少许干薄荷叶。

小贴士丿 直接使用调和茶包即可

本书所用的鼠尾草蜂蜜薄荷茶是韩国绿茶园的产品，在鼠尾草中添加薄荷和蜂蜜，散发出清爽的草香和香甜的蜜香。要使用2个以上的茶包冲泡，加入牛奶后才能保留住花草茶的风味。

CLASSIC MILK TEA

Base 蝶豆花+柠檬香桃叶

热饮 & 冷饮

蓝色柠檬奶茶

这是一款使用蝶豆花和柠檬香桃叶制作出的蓝色柠檬口味花草奶茶。被称为“Blue Tea”的蝶豆花主要用于制作外观呈蓝色的饮品。与含有酸性成分的原料相遇时，水的颜色会从蓝色变化为紫色，演绎出多种色彩。

配方

基本茶	蝶豆花10个、柠檬香桃叶3片 热饮 沸水200毫升；冷饮 沸水150毫升+冰块
乳制品	牛奶100毫升
甜味调料	糖浆20毫升
装饰配料	热饮 蝶豆花1个

制作方法

热饮

1. 将热水倒入沏茶壶进行预热。
2. 将蝶豆花和柠檬香桃叶放入1中，倒入200毫升沸水，冲泡5分钟。
3. 用过滤网将茶渣滤出，茶水倒入预热好的茶杯中。
4. 加入糖浆搅拌均匀后，将牛奶适当加热倒入茶杯。
5. 最后放上装饰用的蝶豆花即可。

冷饮

1. 将热水倒入沏茶壶进行预热。
2. 将蝶豆花和柠檬香桃叶放入1中，倒入150毫升沸水，冲泡5分钟。
3. 茶泡好后，用过滤网将茶渣滤出，冷却至常温。
4. 将糖浆和冰牛奶倒入杯子里，搅拌均匀。
5. 最后加满冰块，并将冷却好的花草茶小心倒入。

CLASSIC
MILK TEA
Base 生姜柠檬草茶

冷饮

生姜柠檬草奶茶

这是一款使用PUKKA的生姜柠檬草茶制作而成的奶茶饮品，清爽的柠檬草茶中融有淡淡的生姜香。在花草茶中添加生姜时，要注意不要使生姜的味道和香气过于突兀强烈，如果生姜香过于强烈，会影响到花草茶的味道。

配方

基本茶	生姜柠檬草茶茶包2个、沸水150毫升、冰块
乳制品	牛奶80毫升
甜味调料	糖浆15毫升
装饰配料	柠檬草1根、生姜片1片

制作方法

1. 将热水倒入沏茶壶进行预热。
2. 将生姜柠檬草茶包放入1中，倒入150毫升沸水，冲泡5分钟。
3. 茶泡好后，取出茶包，冷却至常温。
4. 在杯子中倒入糖浆，并加满冰块。
5. 将冷却好的茶倒入杯子，使其从冰块上缓慢流下，并与糖浆搅拌均匀。
6. 最后倒入冰牛奶，并放上柠檬草和生姜片作点缀。

小贴士ノ 可以加入新鲜柠檬草和生姜酱

PUKKA的生姜柠檬草茶将清爽感十足的柠檬草和辛辣的生姜完美地结合了起来。如果想使奶茶的香气和味道更加突出，可以再加入一些新鲜柠檬草和泡水用的生姜酱。

VARIATION MILK TEA

Base

胡椒薄荷茶

冷饮

薄荷西瓜果昔

这是一款用胡椒薄荷和西瓜制作出的冰爽可口的果昔。加入的牛奶越多，成品的味道就越柔和。以本书提示的用量为基准，根据自己的喜好调整即可。只需一口就能让你沉浸在西瓜的甜爽和薄荷的清凉感之中。

配方

基本茶	胡椒薄荷茶1小勺、沸水120毫升、冰块100克
乳制品	牛奶50毫升
甜味调料	西瓜300克、糖浆20毫升
装饰配料	西瓜切片1片

制作方法

1. 将热水倒入沏茶壶进行预热。
2. 将胡椒薄荷茶放入1中，倒入120毫升沸水，冲泡5分钟。
3. 茶泡好后，用过滤网滤出茶渣，冷却至常温。
4. 将冰块、牛奶、西瓜、糖浆倒入搅拌机，并取75毫升冷却好的胡椒薄荷茶一并加入，混合打碎。
5. 将搅拌好的饮品倒入杯子中，放上西瓜片作点缀即可。

小贴士／ 可将西瓜冰冻后使用

制作西瓜果昔时，西瓜和冰块的用量比例十分重要。水分含量很高的西瓜在制作成饮品的过程中，很容易变得过稀。直接将西瓜冰冻起来使用也是一种好方法，将西瓜冻至半冰后，与冰块一起打碎即可。

VARIATION
MILK TEA
Base
百里香茶

热饮 & 冷饮

百里香焦糖奶茶

散发着“树林香气”的百里香，最近作为饮品原料大受欢迎。本款奶茶用百里香茶作为基本茶，再加入焦糖酱为口味和香气作点缀。利用焦糖酱在杯壁上绘制纹理模样时，需尽量快速地在杯子内壁涂抹好焦糖酱并倒入牛奶。

配方

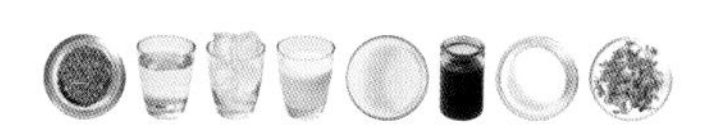

基本茶　百里香茶1小勺

热饮 沸水200毫升；冷饮 沸水150毫升+冰块

乳制品　牛奶100毫升、炼乳10毫升

甜味调料　焦糖酱20毫升、盐1小撮

装饰配料　百里香3根

制作方法

热饮

1. 将热水倒入沏茶壶进行预热。
2. 将百里香茶放入1中，倒入200毫升沸水，冲泡5分钟。
3. 在预热好的茶杯中加入炼乳、盐、焦糖酱，搅拌均匀。
4. 用过滤网滤去茶中的茶渣，将茶水倒入3。
5. 将牛奶适当加热后倒入茶杯。
6. 最后放上百里香作点缀即可。

冷饮

1. 将热水倒入沏茶壶进行预热。
2. 将百里香茶放入1中，倒入150毫升沸水，冲泡5分钟。
3. 茶泡好后，用过滤网滤出茶渣，冷却至常温。
4. 在杯子里加入炼乳和盐，搅拌均匀。
5. 将焦糖酱涂抹于杯子内壁，使其慢慢流下。
6. 在杯子里加满冰块后，快速倒入冷却好的百里香茶。
7. 最后倒入冰牛奶，并放上百里香作点缀。

VARIATION MILK TEA

Base

迷迭香茶+蝶豆花

冷饮

菠萝迷迭香蓝奶茶

用迷迭香和蝶豆花混合冲泡出基本茶，再加入菠萝果汁和椰奶，让奶茶拥有与众不同的口味、香气和颜色。菠萝、迷迭香和椰奶的香气混合在一起，让人联想到在热带岛屿度过的美妙假期。

配方

基本茶　迷迭香茶1小勺、蝶豆花5个、沸水120毫升、冰块
乳制品　椰奶70毫升
甜味调料　菠萝果汁80毫升、糖浆20毫升
装饰配料　迷迭香1根、菠萝切片1/4个

制作方法

1. 将热水倒入沏茶壶进行预热。
2. 将百里香茶和蝶豆花放入1中，倒入120毫升沸水，冲泡5分钟。
3. 茶泡好后，用过滤网滤出茶渣，冷却至常温。
4. 在杯子里加入菠萝果汁和10毫升糖浆，搅拌均匀。
5. 另取一个杯子，加入椰奶和10毫升糖浆，搅拌均匀。
6. 在4中加满冰块，然后将5小心倒入。
7. 将冷却好的茶小心倒入。
8. 最后将装饰用的百里香插入菠萝片，并一起插在杯口作点缀。

小贴士ノ 三色分层的诀窍在于密度差

外观是这款奶茶的一大亮点。黄色、白色、蓝色，三色分层的诀窍就在于液体原料的密度差。根据每种原料中的糖分含量，层次会有所不同。糖浆的量越大，液体就会变得越重并向下沉。这个技巧可以灵活运用在很多饮品的制作过程中。

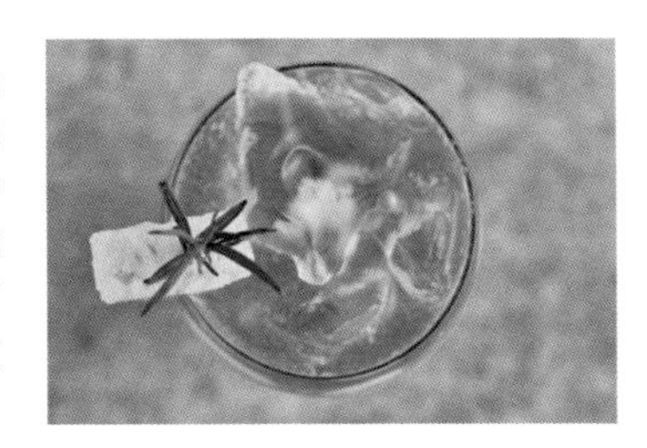

VARIATION MILK TEA

Base

南非博士茶+肉桂+丁香+橙子

热饮 & 冷饮

辛香南非博士奶茶

在南非博士茶中混入肉桂、丁香和新鲜橙子果皮丝，制成热红酒（vin chaud）式的奶茶。在国外，制作加香料的暖红酒和暖苹果酒等经典冬季饮品时，经常将橙子、丁香、肉桂和肉豆蔻作为固定搭配一起使用。如果想要调出更加丰富的香气，也可以在奶茶中加入肉豆蔻。本款奶茶的配方也很适合与添加了水果香的加香博士茶搭配。

配方

基本茶　南非博士茶4克、肉桂粉1小撮、丁香1粒 、新鲜橙子果皮丝（1/4个橙子 ）
热饮 沸水150毫升；冷饮 沸水150毫升+冰块

乳制品　牛奶100毫升

甜味调料　糖浆20毫升

装饰配料　肉桂棒1根、橙子果皮少许、丁香3粒

制作方法

热饮

1. 将热水倒入沏茶壶进行预热。
2. 将南非博士茶、丁香、肉桂和新鲜橙子果皮丝放入1中，倒入150毫升沸水，冲泡5分钟。
3. 将牛奶适当加热后，用打泡器搅打成奶泡，倒入杯子中。
4. 加入糖浆，与牛奶搅拌均匀。
5. 用过滤网滤去茶中的茶渣，将茶水倒入4。
6. 将装饰用的丁香插于橙子果皮上，与肉桂棒一起放在饮品上作点缀。

冷饮

1. 将热水倒入沏茶壶进行预热。
2. 将南非博士茶、丁香、肉桂和新鲜橙子果皮丝放入1中，倒入150毫升沸水，冲泡5分钟。
3. 茶泡好后，用过滤网滤出茶渣，冷却至常温。
4. 在杯子中倒入糖浆和冰牛奶，搅拌均匀。
5. 加满冰块，将冷却好的茶倒入。
6. 将装饰用的丁香插于橙子果皮上，与肉桂棒一起放在饮品上作点缀。

VARIATION MILK TEA

Base

洋甘菊茶

热饮&冷饮

肉桂洋甘菊奶茶

洋甘菊有“长在地上的苹果”之称，在洋甘菊茶中加入肉桂，则能够做出带有辛辣香气的洋甘菊奶茶。如果在洋甘菊和肉桂的组合中再加入生姜、姜黄等香料，则能使奶茶的香气更加丰富。如果更偏爱口味纯正的奶茶，则可以用肉桂棒来替代肉桂粉。

配方

基本茶　洋甘菊1.5大勺
热饮 沸水200毫升；冷饮 沸水150毫升+冰块
乳制品　牛奶100毫升
甜味调料　糖浆15毫升、肉桂粉1小撮
装饰配料　肉桂棒1根、肉桂粉少许

制作方法

热饮
1. 将热水倒入沏茶壶进行预热。
2. 将洋甘菊茶放入1中，倒入200毫升沸水，冲泡5分钟。
3. 茶泡好后，倒入预热好的茶杯中，用过滤网滤出茶渣。
4. 向茶中加入糖浆和肉桂粉，搅拌均匀。
5. 将牛奶适当加热后倒入。
6. 将肉桂棒插在杯口，并撒上装饰用的肉桂粉。

冷饮
1. 将热水倒入沏茶壶进行预热。
2. 将洋甘菊茶放入1中，倒入150毫升沸水，冲泡5分钟。
3. 茶泡好后，用过滤网滤出茶渣，冷却至常温。
4. 在杯子中加入糖浆和肉桂粉，倒入冷却好的洋甘菊茶，搅拌均匀。
5. 向杯子中加满冰块，然后倒入冰牛奶。
6. 将肉桂棒插在杯口，并撒上装饰用的肉桂粉。

VARIATION MILK TEA

Base

洋甘菊茶

冷饮

洋甘菊意式苏打奶茶

这是一款意式苏打风味的花草奶茶，让你能够轻松享受柔和的气泡口感，和一般类型的奶茶完全不同。在苏打水里加入鲜奶油和洋甘菊糖浆，便可以做出别具一格的洋甘菊苏打。

配方

基本茶　苏打水200毫升、冰块

乳制品　半对半奶油（牛奶25毫升、鲜奶油25毫升）、掼奶油（按个人喜好决定用量）

甜味调料　洋甘菊糖浆30毫升（做法参见238页）

装饰配料　洋甘菊少许

制作方法

1. 在量杯中加入牛奶和鲜奶油，搅拌均匀，制成半对半奶油。
2. 另取一杯子，加入洋甘菊糖浆。
3. 杯子中加满冰块，然后倒入苏打水。
4. 将事先准备好的半对半奶油小心倒入3。
5. 根据个人喜好打上适量掼奶油，并放上装饰用的洋甘菊。

小贴士／与奶油苏打相似的口味

这款奶茶的口感与牛奶碳酸饮料十分相似，可以做出多种变化，比如，用香草冰淇淋来代替掼奶油也十分美味。

VARIATION MILK TEA

Base

蝶豆花茶

冷饮

蓝玫瑰冰块奶茶

将蝶豆花茶冷冻制成冰块，放入牛奶中，便可制成这款蓝玫瑰冰块奶茶。蝶豆花的深蓝色在牛奶中慢慢溶开，能够一边品尝奶茶一边观赏逐渐变化的颜色是这款奶茶的一大特色，同时，还能感受到隐隐的玫瑰香。

配方

基本茶	蝶豆花20个、沸水400毫升
乳制品	牛奶200毫升
甜味调料	玫瑰糖浆20毫升
装饰配料	玫瑰花苞1个

制作方法

1. 将热水倒入沏茶壶进行预热。
2. 将蝶豆花放入1中，倒入400毫升沸水，冲泡5分钟。
3. 茶泡好后，用过滤网滤出茶渣，倒入量杯。
4. 将泡好的茶倒入冰块模具，放入冰箱冷冻室，冷冻6~7小时。
5. 在杯子中放入玫瑰糖浆和冰牛奶，搅拌均匀。
6. 将冰冻好的冰块倒入杯子中，最后放上玫瑰花苞作点缀。

小贴士／ **制作蝶豆花茶冰块的注意事项**

制作冰块时需要特别注意茶的浓度，因为制成冰块的蝶豆花茶不会立刻融化，一开始饮用奶茶时可能难以品尝到茶的味道。因此应将蝶豆花茶冲泡得浓一些，这样即使冰块慢慢融化，也可以充分品尝出茶的味道。

VARIATION MILK TEA

Base

罗勒茶

冷饮

罗勒柠檬蜂蜜奶茶

这是一款将新鲜罗勒叶捣碎后加入牛奶制成的罗勒口味的奶茶。在我们的印象中，罗勒是常用于意大利菜的香料，不过罗勒叶同薄荷一样也常常用于制作饮品，同时加入一些柠檬糖浆能够更加衬托出罗勒的清香。如果喜欢罗勒的香味，也可以适当增加罗勒的用量。

配方

基本茶	罗勒叶3片（中等大小）、冰块
乳制品	牛奶200毫升
甜味调料	蜂蜜糖浆10毫升（做法参见139页）、柠檬糖浆15毫升
装饰配料	罗勒叶1片（中等大小）

制作方法

1. 将3片罗勒叶、蜂蜜糖浆、柠檬糖浆放入杯子里，捣碎。
2. 如果偏爱浓郁的香味，可以捣得更细一些。
3. 加满冰块。
4. 倒入牛奶，将剩下的罗勒叶放上作点缀。

+制作柠檬糖浆

配方：柠檬10个、橙子3个（可选）、白砂糖80克

1. 将柠檬和橙子洗净，用削皮器削下薄薄的果皮，注意削果皮时尽量不要削到果皮内部白色的部分。
2. 将柠檬皮和橙子皮与白砂糖一起放入密封袋，反复揉搓，使其充分混合。
3. 在常温环境下放置一天后，放入消毒洗净的瓶子中冷藏保存。

VARIATION MILK TEA

Base

洛神花茶

冷饮

玫瑰洛神花茶酸奶奶昔

在洛神花茶中加入玫瑰糖浆，制作出散发着满满玫瑰香气的粉红色奶昔。洛神花茶的酸性成分会导致牛奶发生凝结，因此制作时要尽量快速地搅拌。如果想感受浓郁的玫瑰香，冲泡洛神花茶时可以加入玫瑰花瓣。

配方

基本茶	洛神花茶1大勺、沸水120毫升、冰块150克
乳制品	牛奶100毫升
甜味调料	玫瑰糖浆15毫升、酸奶粉30克
装饰配料	玫瑰花瓣少许、玫瑰花苞1个

制作方法

1. 将热水倒入沏茶壶进行预热。
2. 将洛神花茶放入1中，倒入120毫升沸水，冲泡5分钟。
3. 茶泡好后，用过滤网滤出茶渣，冷却至常温。
4. 将牛奶、玫瑰糖浆、酸奶粉、75毫升冷却好的茶和冰块放入搅拌机。
5. 用搅拌机将内容物完全打碎后倒入杯子里。
6. 最后放上玫瑰花瓣和玫瑰花苞作点缀。

小贴士／使用搅拌机制作以洛神花茶为原料的奶昔

洛神花茶中含有有机酸成分，会导致牛奶凝结。使用搅拌机尽量缩短制作时间能够有效地降低牛奶的凝结程度。奶昔制作完成后建议尽快饮用。

VARIATION MILK TEA

Base

柠檬草茶

冷饮

香蕉焦糖柠檬草果昔

这是一款以加入柠檬草煮制而成的牛奶为原料制成的香蕉果昔。在含有柠檬香的牛奶中加入焦糖酱，更增添了一份香甜。用柠檬草、肉桂等配料能够为牛奶添加各种不同的香味，十分适合在秋冬季饮用。

配方

基本茶	新鲜柠檬草1/3根、冰块100克
乳制品	牛奶150毫升
甜味调料	焦糖酱20毫升、糖浆10毫升、香蕉2/3个、盐1小撮
装饰配料	香蕉切片1片、柠檬草2/3根

制作方法

1. 将1/3根新鲜柠檬草切碎。
2. 将切碎的柠檬草放入牛奶锅中，倒入牛奶，小火加热10分钟。
3. 制成柠檬草牛奶后，用过滤网将茶渣滤出，冷却至常温。
4. 将3、香蕉、焦糖酱、糖浆、盐和冰块放入搅拌机。
5. 用搅拌机将内容物打碎后倒入杯子中。
6. 最后放上装饰用的香蕉片和柠檬草作点缀。

小贴士／ 加入冰淇淋

如果希望做出口感柔和的果昔，可以减少冰块的用量，以冰淇淋代替。3球香草冰淇淋加上50克冰块的用量较为合适。使用冰淇淋时，因为其糖分含量较高，无须加入糖浆。

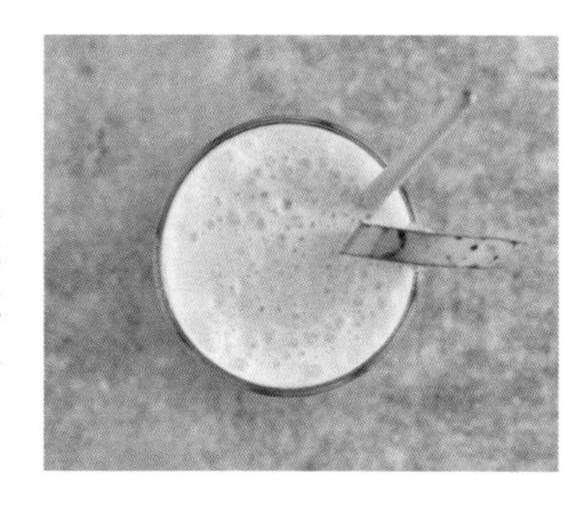

VARIATION MILK TEA

Base

柠檬香桃叶

冷饮

柠檬香桃巴西汽水奶茶

含有乳制品的汽水是巴西常见的饮料。本款巴西汽水式花草奶茶饮品不使用牛奶，只加入炼乳调出奶香口感，同时还散发着青柠的酸甜清爽。下面就跟我们一起来挑战一下这款新颖独特的奶茶吧！

配方

基本茶	柠檬香桃叶3片、沸水200毫升、冰块
乳制品	炼乳20毫升
甜味调料	糖浆10毫升、青柠果汁10毫升、新鲜青柠果皮丝（1/2个青柠）
装饰配料	新鲜青柠片1片

制作方法

1. 将热水倒入沏茶壶进行预热。
2. 将柠檬香桃叶放入1中，倒入200毫升沸水，冲泡5分钟。
3. 茶泡好后，用过滤网滤出茶渣，冷却至常温。
4. 将冷却好的茶、炼乳、糖浆、青柠果汁和新鲜青柠果皮丝放入搅拌机。
5. 用搅拌机将内容物打碎后倒入杯子中。
6. 加满冰块后，用刀在装饰用的青柠片边缘切一刀，插在杯口作点缀。

小贴士ノ 一定要使用搅拌机

青柠果汁中的有机酸成分很容易导致炼乳凝结，因此一定要尽量快速地搅拌混合。将所有材料和冰块加入搅拌机后，使用最高强度搅拌15秒，将内容物充分打碎即可。

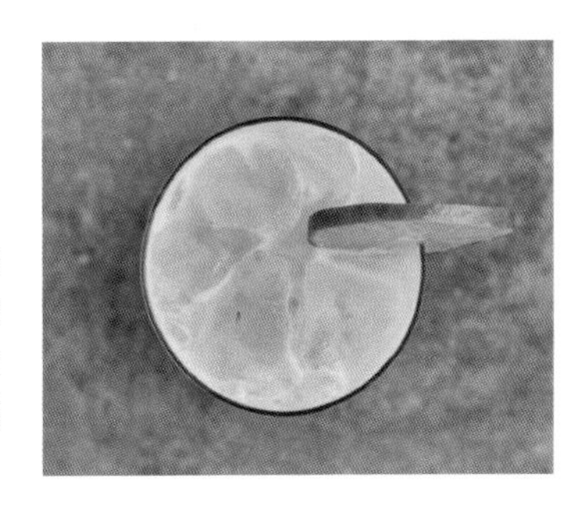

VARIATION MILK TEA

Base
薰衣草茶

冷饮

薰衣草香芋黑珍珠奶茶

用薰衣草和香芋粉制作出紫色的花草奶茶，再加入黑珍珠粉圆演绎出渐变的色彩。香芋是生长于热带地区的植物根茎，淀粉含量较高，因此加入热茶后可能会产生黏性，呈糊状，这是正常现象，不需要太过惊讶哦！

配方

基本茶	薰衣草茶2小勺、沸水120毫升、冰块
乳制品	牛奶150毫升
甜味调料	香芋粉50克、糖浆10毫升
装饰配料	黑珍珠粉圆30克（做法参见245页）

制作方法

1. 将热水倒入沏茶壶进行预热。
2. 将薰衣草茶放入1中，倒入120毫升沸水，冲泡5分钟。
3. 在杯子中放入香芋粉和糖浆。
4. 将泡好的茶倒入3，用过滤网滤出茶渣，搅拌均匀。
5. 加入事先准备好的黑珍珠粉圆，并加满冰块。
6. 最后倒入冰牛奶即可。

小贴士丿 香芋粉需要用热茶溶开

香芋粉含有淀粉成分，因此相较于凉茶，在热茶中更容易溶开。Nature Tea、TEAZEN、TAEHYANG、I'm yo等品牌都有推出香芋粉产品。

VARIATION MILK TEA

Base

胡椒薄荷茶+薄荷

冷饮

巧克力薄荷奶茶

这是一款胡椒薄荷茶搭配白巧克力酱制成的浅色奶茶。额外添加的薄荷叶，能为奶茶增添丝丝迷人的淡绿色。除了薄荷之外，也很适合与其他花草进行搭配，可以大胆尝试多种变换。另外，也可以直接将白巧克力削成细丝作为原料。

配方

基本茶	胡椒薄荷茶1小勺、沸水150毫升、冰块100毫升、薄荷叶5片
乳制品	牛奶100毫升
甜味调料	白巧克力酱40毫升（做法参见241页）
装饰配料	薄荷叶2片

制作方法

1. 将热水倒入沏茶壶进行预热。
2. 将胡椒薄荷茶放入1中，倒入150毫升沸水，冲泡5分钟。
3. 茶泡好后，用过滤网滤出茶渣，冷却至常温。
4. 将100毫升冷却好的茶、牛奶、白巧克力酱、冰块和薄荷叶放入搅拌机。
5. 用搅拌机将内容物充分打碎后倒入杯子中。
6. 最后放上装饰用的薄荷叶作点缀即可。

小贴士丿 花草茶和新鲜花草的搭配

这款奶茶是用薄荷茶与薄荷叶混合制成的奶茶饮品。薄荷叶可以很好地弥补薄荷茶略显不足的香气。如果喜欢薄荷香，可以适当增加薄荷叶的用量。

PART 6

自制奶茶配料

下面将介绍本书中所使用的糖浆和奶油的制作方法。当然也可以直接使用市面上能够购买到的糖浆成品使用，不过自制的糖浆在香气和味道方面都更为出色。从糖浆和奶油，到大家都十分好奇的珍珠粉圆，来挑战一下自制奶茶配料吧！

SYRUP & CREAM & PEARL

橙子糖浆 75~100毫升/冷藏保存/保质期14天

这是利用橙子果皮中的精油成分制成的糖浆，是柑橘香精油糖浆中的一种，常被用作宾治的配料。酸甜清爽的橙香是它的一大特色，也可以根据个人的喜好加入少量柠檬，使香味更加强烈。用同样的方法也可以制作柠檬糖浆。

配方　橙子6个、柠檬4个（可选）、白砂糖100克

柠檬糖浆　柠檬10个、橙子3个（可选）、白砂糖100克

1. 将橙子和柠檬洗净沥干。
2. 用削皮器将橙子和柠檬的果皮削成小片。
3. 将2和白砂糖放入密封袋，反复揉搓混合。
4. 常温静置24小时。
5. 将做好的果油糖浆倒入消毒洗净的瓶子里，冷藏保存。

可用于制作

- 冷饮 柠檬香桃巴西汽水奶茶或自选配方
- 冷饮 生姜柠檬草奶茶或选配方
- 热饮 冷饮 提拉米苏奶茶或自选配方

→

→

薰衣草糖浆 300毫升/冷藏保存/保质期14天

香味十分强烈的薰衣草糖浆，即使只加入少量，也让人无法忽视它的存在感。制作方法非常简单，只需要在干薰衣草冲泡出的茶水中加入白砂糖即可。

配方 薰衣草2大勺、沸水200毫升、白砂糖200克

1 将薰衣草放入牛奶锅中，倒入200毫升沸水，冲泡5分钟。
2 泡好后，加入白砂糖，大火加热。
3 白砂糖完全溶解后，调至小火，熬至水分蒸发出现黏稠感。
4 糖浆熬制完成后，关火，冷却至常温。
5 用过滤网过滤糖浆，倒入消毒洗净的瓶子中，冷藏保存。

可用于制作

冷饮 薰衣草香芋黑珍珠奶茶或自选配方
冷饮 薰衣草绿茶奶茶或自选配方
冷饮 蓝莓绿茶奶茶或自选配方
热饮 冷饮 薰衣草迷迭香奶茶或自选配方
热饮 伯爵奶茶或自选配方

 →  →  →  → 

薄荷糖浆 300毫升/冷藏保存/保质期14天

这是使用新鲜薄荷制成的糖浆。不使用干薄荷，而是新鲜薄荷，能够更好地保留住薄荷的新鲜感，颜色上也给人一种清爽之感。

配方 新鲜薄荷叶（苹果薄荷或胡椒薄荷）20克、水200毫升、白砂糖100克

1 将薄荷叶洗净沥干。
2 在锅中倒入水，煮沸后加入白砂糖，大火煮至完全溶解。
3 糖浆制作完成后，冷却至常温。
4 将薄荷叶和1/4的糖浆倒入量杯中，用捣碎杵将薄荷叶完全研磨成碎。
5 将剩余的糖浆也一并倒入量杯，搅拌均匀。
6 用过滤网过滤糖浆，倒入消毒洗净的瓶子中，冷藏保存。

可用于制作

冷饮 古巴奶茶
冷饮 薄荷西瓜果昔或自选配方
热饮 冷饮 薄荷巧克力普洱奶茶或自选配方
热饮 鼠尾草蜂蜜薄荷奶茶或自选配方
热饮 摩洛哥薄荷绿茶奶茶或自选配方

→

→

→

→

洋甘菊糖浆 300毫升/冷藏保存/保质期14天

这是用常见的花草茶原料洋甘菊制成的糖浆，可以用于各种菜品和饮品。在最基本的洋甘菊糖浆中加入各种其他配料则可以做出各种特色洋甘菊糖浆。

配方 洋甘菊2大勺、沸水200毫升、白砂糖200克

1 将洋甘菊放入牛奶锅中，倒入200毫升沸水，冲泡5分钟。
2 泡好后加入白砂糖，大火加热。
3 白砂糖完全溶解后，调至小火，熬至水分蒸发出现黏稠感。
4 糖浆熬制完成后，关火，冷却至常温。
5 用过滤网过滤糖浆，倒入消毒洗净的瓶子中，冷藏保存。

可用于制作

冷饮 洋甘菊意式苏打奶茶
冷饮 苹果奶茶或自选配方
冷饮 罗勒绿茶奶茶或自选配方
热饮 冷饮 蜂蜜香草洋甘菊奶茶或自选配方
热饮 冷饮 肉桂洋甘菊奶茶或自选配方

→

→

→

→

蓝莓糖浆 250毫升/冷藏保存/保质期14天

制作蓝莓糖浆时要使用冷冻蓝莓，这样才能将蓝莓的色泽和香味完全保留下来。另外，还可以根据个人喜好加入少许柠檬果汁，添加一些水果的酸甜口感。

配方 冷冻蓝莓250克、沸水200毫升、白砂糖200克

1 将冷冻蓝莓放入锅中，倒入200毫升沸水，泡5分钟。
2 大火加热5~10分钟，使蓝莓成分充分融于水。
3 加入白砂糖，完全溶解并煮沸后，调至中火，熬至水分蒸发出现黏稠感。
4 糖浆熬制完成后，冷却至常温。
5 用过滤网过滤糖浆，倒入消毒洗净的瓶子中，冷藏保存。

可用于制作

冷饮 蓝莓绿茶奶茶
冷饮 榛子草莓普洱奶茶或自选配方
冷饮 蓝色乌龙奶茶或自选配方
冷饮 薰衣草香芋黑珍珠奶茶或自选配方
热饮 冷饮 蓝色柠檬奶茶或自选配方

→

→

→

→

黑糖糖浆 300毫升/冷藏保存/保质期14天

这是使用黑糖制成的糖浆。黑糖与砂糖完全不同，其中含有糖蜜。可使用最常见的有机原蔗糖产品。

配方 水200毫升、原蔗黑糖200克、盐1小撮

1 将水、原蔗黑糖、盐放入锅中，大火加热。
2 黑糖完全溶解，糖浆煮沸后，调至中火熬煮。
3 熬至适当黏稠度后关火，冷却至常温。
4 倒入消毒洗净的瓶子里，冷藏保存。

可用于制作

冷饮 黑糖黑珍珠绿茶奶茶
冷饮 焦糖布丁乌龙珍珠奶茶或自选配方
冷饮 椰子绿茶奶茶或自选配方
热饮 桔梗绿茶奶茶或自选配方

白巧克力酱 300毫升/冷藏保存/保质期14天

与糖浆略有不同，白巧克力酱的感觉更接近于将白巧克力熔化而成的浆液。不仅可以用于奶茶，也常用作咖啡、甜点等的配料。用同样的方法也可以制作黑巧克力酱。

配方　调温白巧克力300克、鲜奶油100毫升、黄油20克、香草精1/2小勺

黑巧克力酱　调温黑巧克力400克、鲜奶油100毫升、糖稀30毫升、香草精1/2小勺

1 将鲜奶油和黄油放入牛奶锅中，煮至即将沸腾，使黄油熔化。如果要制作黑巧克力酱，则放入鲜奶油和糖稀。

2 将调温白巧克力放入搅拌盆。如果要制作黑巧克力酱，则放入调温黑巧克力。

3 将1中加热的鲜奶油倒入2，等待巧克力熔化。

4 巧克力充分熔化后，搅拌均匀。

5 加入香草精后倒入消毒洗净的瓶子里，冷藏保存。

可用于制作

冷饮 格兰诺拉白巧克力绿茶奶茶

冷饮 巧克力薄荷奶茶

冷饮 香蕉奶茶或自选配方

热饮 冷饮 茴香咖啡普洱奶茶或自选配方

伯爵奶油 100毫升/冷藏保存/即做即食

这是以浸泡过奶油口味伯爵红茶的鲜奶油为原料制成的奶油。在鲜奶油中添加了红茶香，可以用于各种饮品，也可以用来替代稍浓的掼奶油或普通奶油。

配方　奶油口味伯爵红茶茶包2个、生奶油100毫升、糖浆10毫升

---

1. 将50毫升鲜奶油和奶油口味伯爵红茶包放入牛奶锅，小火加热。
2. 茶在生奶油中被充分冲泡后，取出茶包，关火冷却。
3. 将另外50毫升生奶油和糖浆倒入搅拌盆，充分搅拌直至奶油变得足够浓稠。
4. 将2倒入3，搅拌均匀即可。

可用于制作

冷饮 伯爵奶油奶茶
冷饮 巧克力黑珍珠奶茶或自选配方
冷饮 百利甜鸡尾酒奶茶或自选配方
热饮 冷饮 香草奶茶或自选配方
热饮 冷饮 黑糖黑珍珠奶茶或自选配方

卡仕达酱 100毫升/冷藏保存/即做即食

卡仕达酱是在烘焙中常用的奶油种类之一，也十分适合用作奶茶配料，尤其适合与红茶奶茶搭配饮用。

配方 鸡蛋黄1个、鲜奶油50毫升、牛奶50毫升、白砂糖1.5大勺、香草精1/8小勺、淀粉1/8小勺

---

1 将鸡蛋黄和白砂糖放入搅拌盆，搅拌至颜色变为柠檬色。

2 将鲜奶油和牛奶放入牛奶锅，中火加热。

3 牛奶和生奶油适当加热后，缓慢倒入1，注意温度不能过热，以防鸡蛋黄被烫熟。

4 将鸡蛋黄和奶油搅拌均匀后，用细筛过滤。

5 另取一牛奶锅，将滤出的卡仕达酱倒入，然后加入香草精和淀粉，小火加热。

6 煮至适当黏稠度后，关火冷却即可。

可用于制作

冷饮 焦糖布丁乌龙珍珠奶茶
冷饮 枫糖浆奶茶或自选配方
冷饮 洋槐蜂蜜乌龙奶茶或自选配方
热饮 冷饮 可可奶茶或自选配方
热饮 伯爵奶茶或自选配方

提拉米苏奶油 250毫升/冷藏保存/即做即食

提拉米苏是意大利经典甜品之一。本书中使用的提拉米苏奶油是带有提拉米苏风味的奶油，非常适合与奶茶搭配食用。

配方 马斯卡彭芝士100克、鸡蛋黄2个、白砂糖1.5大勺、鲜奶油150毫升、浓缩咖啡15毫升、香草精1/8小勺

---

1. 将2个鸡蛋黄和白砂糖放入搅拌盆，搅拌至颜色变为淡黄色。
2. 将马斯卡彭芝士加入1，搅拌均匀。
3. 另取一搅拌盆，放入鲜奶油、浓缩咖啡、香草精，搅拌至足够浓稠，使奶油被挑起时可以形成尖角。
4. 将2倒入3，混合均匀即可。

可用于制作	
	冷饮 提拉米苏奶茶
	冷饮 枫糖浆奶茶或自选配方
	冷饮 椰子绿茶奶茶或自选配方
	热饮 冷饮 可可奶茶或自选配方
	热饮 冷饮 香草奶茶或自选配方

珍珠粉圆 30克/冷冻保存/保质期30天

本书为大家介绍最基本的珍珠粉圆制作方法。以木薯粉为原料的珍珠粉圆淀粉含量较高，因此水的用量较大。使用后剩下的珍珠粉圆放入冰箱冷冻保存即可，建议按照一杯奶茶用量（30克）分别包装，尽量铺成扁平状以便保存。

配方　珍珠粉圆30克、水150毫升、白砂糖或蜂蜜30毫升

---

1 烧开水，水的用量应为珍珠粉圆用量的3~4倍。
2 将珍珠粉圆和开水倒入锅中，大火煮至珍珠浮上水面，一边煮一边缓慢搅拌。
3 珍珠粉圆中央的白色部分消失后关火，静置7~8分钟。
4 用冷水冲洗珍珠粉圆。
5 珍珠呈现出透明色泽后，放入筛子中沥干水分。
6 加入白砂糖、蜂蜜等甜味调料，混合均匀即可。

可用于制作

冷饮 巧克力黑珍珠奶茶
冷饮 蜂蜜绿珍珠奶茶
冷饮 香蕉黑珍珠绿茶奶茶
冷饮 焦糖布丁乌龙珍珠奶茶
冷饮 黑糖黑珍珠奶茶

 →  →  →  → 

图书在版编目（CIP）数据

手冲奶茶 /（韩）李相旼著；魏莹译. —北京：中国轻工业出版社，2023.1

（元气满满下午茶系列）

ISBN 978-7-5184-3325-4

Ⅰ. ①手… Ⅱ. ①李… ②魏… Ⅲ. ①乳饮料—制作 Ⅳ. ① TS275.4

中国版本图书馆 CIP 数据核字（2020）第 251056 号

策划编辑：江　娟

责任编辑：江　娟　　责任终审：张乃柬　　版式设计：锋尚设计

封面设计：奇文云海　　责任校对：朱燕春　　责任监印：张京华

出版发行：中国轻工业出版社（北京东长安街6号，邮编：100740）

印　　刷：鸿博昊天科技有限公司

经　　销：各地新华书店

版　　次：2023年1月第1版第2次印刷

开　　本：720 × 1000　1/16　印张：15.5

字　　数：100 千字

书　　号：ISBN 978-7-5184-3325-4　定价：68.00元

邮购电话：010-65241695

发行电话：010-85119835　传真：85113293

网　　址：http://www.chlip.com.cn

Email：club@chlip.com.cn

如发现图书残缺请与我社邮购联系调换

230038S1C102ZYQ